Untersuchung eines neuen Drehstrom-Kurzschlußmotors

und Ausbildung
eines Verfahrens zur unmittelbaren Aufnahme des
Drehmoments als Funktion der Drehzahl

Von der Technischen Hochschule Karlsruhe
genehmigte

Dissertation

zur

Erlangung der Würde eines Doktor-Ingenieurs

Vorgelegt von

Dipl.-Ing. Franz Heiles
aus Crastel

Referent: Prof. R. Richter
Korreferent: Geh. Hofrat Prof. Dr. Schleiermacher

Tag der Einlieferung: 28. April 1924
Tag der mündl. Prüfung: 24. Juni 1924

Springer-Verlag Berlin Heidelberg GmbH 1925

ISBN 978-3-662-31802-7 ISBN 978-3-662-32628-2 (eBook)
DOI 10.1007/978-3-662-32628-2

Meinen Eltern
in Dankbarkeit gewidmet

Vorwort.

Die vorliegende Arbeit besteht aus zwei Teilen, die in ziemlich losem Zusammenhange miteinander stehen. Es erscheint daher notwendig, ihr Zusammenfassen zu einer einzigen Arbeit zu begründen.

Die Arbeit wurde begonnen mit dem Ziele, den im ersten Teil behandelten Motor zu untersuchen. Hierzu schien es wünschenswert, eine Möglichkeit zu besitzen, das Drehmoment als Funktion der Drehzahl auf möglichst einfache Weise aufzunehmen. Die Ausarbeitung eines Verfahrens zur unmittelbaren oszillographischen Aufnahme der Kurve des Drehmoments über der Drehzahl war jedoch mit sehr zahlreichen, schwer zu beseitigenden Schwierigkeiten verknüpft und erforderte viele besondere Untersuchungen. Was ursprünglich nur als ein Unterabschnitt der Arbeit gedacht war, wuchs sich nach und nach zu einer selbständigen Arbeit aus, die sich nicht mehr in den Rahmen des ursprünglichen Themas einfügen ließ.

So zerfiel die Arbeit in zwei völlig getrennte Teile. Der erste Teil beschäftigt sich mit der Untersuchung des Motors, im zweiten Teil wird das Verfahren zur Aufnahme des Drehmoments behandelt.

Die Anregung zu der Arbeit verdanke ich Herrn Professor Richter, dem ich für seine freundliche Unterstützung und das mir bewiesene Entgegenkommen meinen herzlichsten Dank ausspreche.

Die für die Aufnahme der Drehmomentkurven erforderlichen Apparate sind in der Werkstatt des Elektrotechnischen Instituts der Technischen Hochschule Karlsruhe angefertigt worden. Für ihre gute technische Ausführung bin ich dem Betriebsleiter der Werkstatt, Herrn technischen Obersekretär Schade, zu Dank verpflichtet.

Zur Beschaffung von Materialien und Einzelapparaten hat die Helmholtz-Gesellschaft zweimal einen namhaften Geldbetrag zur Verfügung gestellt. Ihr, sowie auch der Firma Haefely in Basel, die das zur Herstellung der Tachometermaschine notwendige Micarta-Rohr zur Verfügung gestellt hat, sei auch an dieser Stelle gedankt.

Franz Heiles.

Erster Teil.

Untersuchung des Motors.

Einleitung.

Die in ihrem Aufbau einfachste und deshalb betriebssicherste elektrische Maschine ist der Induktionsmotor mit Kurzschlußläufer. Seiner weitgehenden Verwendung stehen nur die ungünstigen Anlaufverhältnisse im Wege. Bekanntlich nimmt eine solche Maschine normaler Bauart, bei der der Läuferwiderstand zur Erzielung eines guten Wirkungsgrades im Betrieb klein gehalten ist, einen Strom auf, der ein Vielfaches des normalen Betriebsstromes ist, wenn sie im Stillstand an die volle Netzspannung gelegt wird. Dadurch werden bei großen Maschinen-Einheiten unangenehme Spannungsschwankungen im Netz hervorgerufen. Hinzu kommt der Nachteil, daß trotz des großen Anlaufstromes das Anlaufdrehmoment klein ist.

Will man den Anlaufstrom in erträglichen Grenzen halten, ohne auf das Anlaufmoment Rücksicht zu nehmen, so legt man den Motor zunächst an eine kleinere Spannung und geht mit steigender Drehzahl stufenweise auf höhere Spannungen, bis die normale Betriebsspannung erreicht ist. Dies geschieht mit Hilfe eines Anlaßtransformators. Bei kleineren Maschinen bedient man sich häufig des Stern-Dreieckschalters, der gewissermaßen als Anlaßtransformator mit nur einer Schaltstufe angesehen werden kann.

Da unter sonst gleichen Verhältnissen das Drehmoment des Motors dem Quadrat der Netzspannung proportional ist, erkennt man ohne weiteres, daß bei diesen Anlaßmethoden das an sich schon kleine Anlaufdrehmoment noch bedeutend herabgesetzt wird.

Die Theorie des Induktionsmotors lehrt, daß bei gegebenem Primärstrom eine Vergrößerung des Anlaufmoments nur durch eine Vergrößerung des Läuferwirkwiderstandes erreicht werden kann, wobei unter Läuferwirkwiderstand die Summe aller im Läuferkreis liegenden Widerstände zu verstehen ist. Im Betrieb dagegen ist ein sehr großer Läuferwirkwiderstand unerwünscht, weil er die Schlüpfung vergrößert und gleichzeitig den Wirkungsgrad herabsetzt. Das erstrebenswerte Ziel ist also: großer Läuferwirkwiderstand beim Anlauf, kleiner Läuferwirkwiderstand im Betrieb.

Man hat auf mancherlei Weise versucht, dies Ziel zu erreichen. Geschieht es durch Umschaltungen in der Ständerwicklung[1]), so ist der Motor durchweg von komplizierter Bauart (z. B. Motor mit geteiltem Ständer); man gibt also gerade den Vorteil des einfachen und betriebssicheren Aufbaus des Kurzschlußläufermotors wieder preis. Dasselbe gilt für die Methoden, die die Wirkung der Fliehkraft ausnutzen, um den Läuferwiderstand während des Anlaufs zu ändern[2]); derartige Einrichtungen haben sich überhaupt nicht bewährt.

Der einfache Bau der Maschine bleibt im wesentlichen erhalten nur bei den Anlaßverfahren, die die Stromverdrängung ausnutzen[3]). Bei ihnen ist jedoch der Anlaufstrom verhältnismäßig groß und außerdem die Läuferstreuung im Betrieb erheblich höher als bei normalen Maschinen, so daß der Leistungsfaktor schlechter wird[4]).

Einen neuen Versuch, die Anlaufverhältnisse des Drehstrommotors mit Kurzschlußläufer zu verbessern, stellt der von Prof. Richter angegebene Kurzschlußmotor[5]) dar, mit dem sich die vorliegende Arbeit in ihrem ersten Teil beschäftigt.

1. Beschreibung des Motors.

Der Ständer des neuen Motors (Abb. 1) besitzt zwei Wicklungen, die Betriebswicklung B und die Anlaufwicklung A, die in den gleichen Nuten untergebracht sind. Während des Anlaufs sind beide Wicklungen in Reihe geschaltet; im Betrieb ist die Anlaufwicklung kurzgeschlossen. Die Windungszahl der Betriebswicklung ist so gewählt,

---

[1]) Vgl. Boucherot: Bulletin de la Soc. Int. des El. 1898; Zeitschr. f. Elektrotechnik 1904, S. 479. — Dahlander: ETZ 1897, S. 257. — Brucken-Motor, ETZ 1921, S. 403.

[2]) Vgl. Ziehl: ETZ 1922, S. 723.

[3]) Vgl. Boucherot: Bulletin de la Soc. Int. des El. 1898. — Rüdenberg: ETZ 1918, S. 483; s. a. DRP. 314651.

[4]) Vgl. Mayer: ETZ 1924, S. 137.

[5]) Richter: Drehstrommotor mit Kurzschlußläufer für kleinen Anlaufstrom: ETZ 1925, S. 6. — DRP. Nr. 383690 und 383693.

daß der Motor magnetisch normal beansprucht ist, wenn die Betriebswicklung allein an der Netzspannung liegt. Die Windungszahl der Anlaufwicklung ist geringer. Beide Wicklungen sind für verschiedene Polzahlen ausgeführt, und zwar ist die Polzahl der Anlaufwicklung geringer als die der Betriebswicklung. Der Läufer trägt nur eine Wicklung, deren Wirkwiderstand, wie wir später sehen werden, für die Polzahl der Anlaufwicklung höher ist als für die Polzahl der Betriebswicklung.

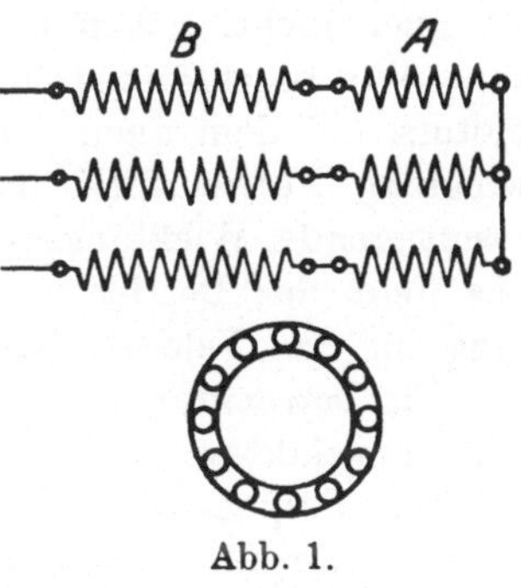

Abb. 1.

Wird der Motor im Stillstand an das Netz gelegt, so entfällt der größere Teil der Gesamtspannung auf die Anlaufwicklung, weil deren Kurzschlußimpedanz infolge des größeren Läuferwirkwiderstands höher ist als die der Betriebswicklung. Der große Läuferwirkwiderstand für die Anlaufwicklung bewirkt zugleich, daß durch deren Drehfeld ein verhältnismäßig großes Drehmoment ausgeübt wird, obgleich die Maschine einen verhältnismäßig kleinen Strom aufnimmt.

Mit zunehmender Drehzahl ändern sich die Verhältnisse in der Maschine. Wegen der geringeren Polzahl der Betriebswicklung nähert sich der Läufer der synchronen Drehzahl der Betriebswicklung früher als der der Anlaufwicklung. Die Impedanz der Betriebswicklung wächst also stärker an als die der Anlaufwicklung, und die Spannung und mit ihr zugleich die Drehmomentbildung geht von der Anlaufwicklung immer mehr auf die Betriebswicklung über.

Hat sich der Läufer bis in die Nähe der synchronen Drehzahl der Betriebswicklung beschleunigt, so ist die Impedanz der Anlaufwicklung nur noch ein kleiner Bruchteil der Impedanz der Betriebswicklung, und fast die volle Netzspannung liegt an der Betriebswicklung. Die Anlaufwicklung kann dann ohne nennenswerten Stromstoß kurzgeschlossen werden. Damit dies zulässig ist, darf die Grundwelle des Feldes der Betriebswicklung in ihr keine EMK induzieren.

Im Betrieb ist dann nur die Betriebswicklung wirksam, und die Maschine verhält sich wie ein gewöhnlicher Drehstrommotor, der nur die Betriebswicklung trägt.

Der Verlauf des gesamten Drehmoments während des Anlaufs, das sich aus den Einzeldrehmomenten der Anlauf- und Betriebswicklung zusammensetzt, wird bestimmt durch die Läuferwirkwiderstände und die Windungszahl der Anlaufwicklung. Es läßt sich durch entsprechende Wahl dieser Größen ein angenähert konstantes, ein allmählich ansteigendes oder ein allmählich sinkendes Drehmoment erhalten.

2. Die Wicklungen des Motors.

a) Die Ständerwicklung.

Wir haben schon darauf hingewiesen, daß die Grundwelle des Feldes der Betriebswicklung in der Anlaufwicklung keine EMK induzieren darf. Das Feld der Anlaufwicklung hingegen kann in der Betriebswicklung eine EMK induzieren. Je nachdem dies der Fall ist oder nicht, haben wir es mit zwei verschiedenen Motorarten zu tun. Wir beschränken uns in dieser Arbeit auf die Betrachtung des Motors, bei dem auch das Feld der Anlaufwicklung in der Betriebswicklung keine EMK induziert. In diesem Falle muß sowohl der resultierende Wicklungsfaktor eines Stranges der Anlaufwicklung für das Feld der Betriebswicklung als auch derjenige der Betriebswicklung für das Feld der Anlaufwicklung verschwinden.

Wir betrachten nun allgemein die Bedingungen, unter denen der Wicklungsfaktor einer Wicklung mit der Polpaarzahl p_w für ein Feld mit der Polpaarzahl p_f Null wird. Hierbei setzen wir zunächst einschichtige Ganzlochwicklungen[1]) voraus. Bei diesen müssen wir unterscheiden zwischen solchen, bei denen sich ein Wicklungsstrang aus $2\,p_w$ „gleichwertigen" Spulengruppen zusammensetzt und solchen, bei denen ein Wicklungsstrang nur p_w „gleichwertige„ Spulengruppen enthält. Gleichwertige Spulengruppen sind dadurch gekennzeichnet, daß in ihnen vom Felde mit der Polzahl der Wicklung dieselbe EMK nach Größe und Phase induziert wird. Bei den Wicklungen mit $2\,p_w$ Spulengruppen (Einphasenwicklungen und dreiphasige Drei-Etagen-Wicklungen) enthält jede Gruppe $\frac{q}{2}$ Spulen, bei den Wicklungen mit p_w Spulengruppen (dreiphasige Zwei-Etagen-Wicklungen) jede Gruppe q Spulen, wenn mit q die Zahl der Nuten auf Pol und Strang bezeichnet wird. Die Ausführung der Wicklung mit $2\,p_w$ Spulengruppen setzt also voraus, daß q gerade ist.

Die einzelnen Spulen einer Gruppe haben entweder gleiche Spulenweiten und verschiedene Phasen oder verschiedene Spulenweiten und gleiche Phasen. Der Wicklungsfaktor einer Spulengruppe läßt sich jedoch bei den gebräuchlichen Wicklungen immer auf den ersten Fall (gleiche Weite, verschiedene Phasen) zurückführen. Wenn τ_w die Polteilung bedeutet, wird dann für die dreiphasigen Wicklungen mit $2\,p_w$ Spulengruppen die Spulenweite

$$w = \tfrac{5}{6}\,\tau_w\,, \tag{1}$$

für die Wicklungen mit p_w Spulengruppen dagegen ist

$$w = \tau_w\,. \tag{2}$$

---

[1]) Richter: Ankerwicklungen für Gleich- und Wechselstrommaschinen. Berlin 1922. S. 182.

Wir betrachten zunächst die dreiphasigen Wicklungen mit $2\,p_w$ Spulengruppen. Die Zahl der Spulen einer Gruppe ist $\frac{q}{2}$; der Winkel α, den die einzelnen Spulen der Gruppe elektrisch in bezug auf ein Drehfeld mit der Polpaarzahl p_f miteinander einschließen, ist

$$\alpha = \frac{2\pi}{N}\,p_f = \frac{1}{3q}\,\frac{p_f}{p_w}\,\pi\,. \tag{3}$$

Der Wicklungsfaktor für die Grundwelle der in der Gruppe induzierten EMK läßt sich dann schreiben[1])

$$\xi_f' = \frac{2}{q}\cdot\frac{\sin\frac{1}{12}\frac{p_f}{p_w}\pi}{\sin\frac{1}{6q}\frac{p_f}{p_w}\pi}\cdot\sin\frac{5}{12}\frac{p_f}{p_w}\pi\,. \tag{4}$$

Da q eine gerade Zahl ist, wird $\sin\frac{1}{12}\frac{p_f}{p_w}\pi$ immer Null, wenn $\sin\frac{1}{6q}\frac{p_f}{p_w}\pi$ Null wird; es wird dann $\frac{2}{q}\cdot\frac{\sin\frac{1}{12}\frac{p_f}{p_w}\pi}{\sin\frac{1}{6q}\frac{p_f}{p_w}\pi} = 1$. Der Faktor ξ_f' kann deshalb nur Null werden, wenn $\sin\frac{5}{12}\frac{p_f}{p_w}\pi$ verschwindet, also wenn $\frac{p_f}{p_w}$ die Werte $\frac{12}{5}, \frac{24}{5}, \frac{36}{5}\ldots$ annimmt.

Das Verhältnis $\frac{p_B}{p_A}$ wird man, um ein günstiges Verhältnis zwischen Anlaufstrom und Anlaufmoment zu erhalten, immer so wählen, daß $1 < \frac{p_B}{p_A} \leqq 2$ ist[2]). Deshalb haben die angeführten Werte, bei denen ξ_f' Null wird, keine praktische Bedeutung.

Bei den Wicklungen mit p_w Spulengruppen enthält eine Gruppe q Einzelspulen; der Winkel α hat wieder den in Gl. 3 angegebenen Wert. Der Wicklungsfaktor einer Gruppe ist dann unter Berücksichtigung der Gl. 2

$$\xi_f' = \frac{\sin\frac{1}{6}\frac{p_f}{p_w}\pi}{q\cdot\sin\frac{1}{6q}\frac{p_f}{p_w}\pi}\cdot\sin\frac{1}{2}\frac{p_f}{p_w}\pi\,. \tag{5}$$

---

[1]) Richter: a. a. O. Gl. 120 und 128.

[2]) Das Fußzeichen A bezieht sich hier und im folgenden stets auf die Anlaufwicklung, das Fußzeichen B auf die Betriebswicklung.

Damit hier ξ_f' Null wird, muß $\sin\frac{1}{2}\frac{p_f}{p_w}\pi = 0$ sein. Dies ist der Fall, wenn $\frac{p_f}{p_w}$ eine gerade Zahl ist.

Da man, wie oben erwähnt, $\frac{p_B}{p_A}$ immer in den Grenzen $1 < \frac{p_B}{p_A} \leqq 2$ wählt, wird in praktischen Fällen ξ_f' nur dann Null, wenn $\frac{p_B}{p_A} = 2$ ist. Nur in diesem Falle und bei einer Wicklung mit p_w Spulengruppen ist es möglich, die einzelnen Spulengruppen der Anlaufwicklung beliebig in Reihe oder parallel zu schalten, soweit dies nach allgemeinen Grundsätzen für das Zusammenschalten von Spulen zulässig ist.

In allen anderen Fällen muß man die resultierende EMK eines Stranges dadurch Null machen, daß man mehrere Spulengruppen in

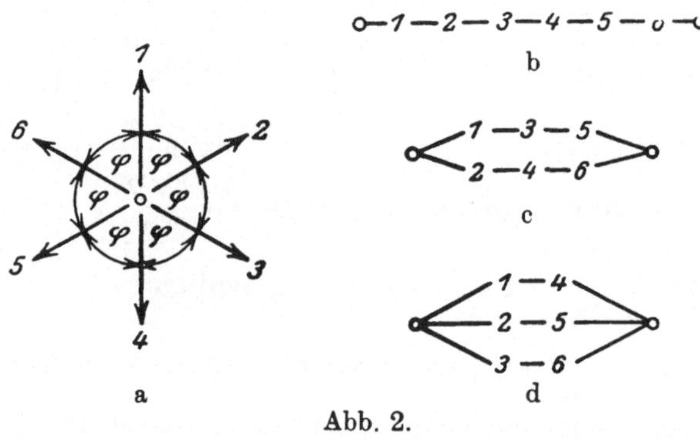

Abb. 2.

Reihe schaltet. Welche Gruppen dabei in Reihe geschaltet die Spannung Null ergeben, kann man am bequemsten aus dem Spannungsstern für die $2p_w$ bzw. p_w Gruppen ablesen. Das Beispiel eines solchen Spannungssternes für 6 Spulengruppen zeigt Abb. 2a; in den Abb. 2b bis 2d sind die verschiedenen Schaltungsmöglichkeiten der Gruppen schematisch dargestellt.

Für den Fall, daß man die Spulengruppen in der Reihenfolge hintereinander schaltet, in der sie am Ankerumfang nebeneinander liegen, lassen sich auch rechnerisch die Bedingungen leicht ermitteln, unter denen die EMK eines Wicklungsstranges Null wird. Für den Wicklungsfaktor eines Wicklungsteils, der aus einer Anzahl von hintereinander geschalteten Spulengruppen besteht, läßt sich dann schreiben

$$\xi_s = \xi_f' \cdot \xi_f''. \tag{6}$$

Dabei berücksichtigt der Faktor ξ_f'' die Phasenverschiebung zwischen den EMKen der in Reihe geschalteten Spulengruppen. Der Winkel φ, den die EMKe zweier benachbarter Gruppen miteinander einschließen, ist bei Wicklungen mit $2p_w$ Spulengruppen unter Berücksichtigung des Schaltsinnes

$$\varphi = \frac{p_f}{p_w}\pi + \pi = \left(\frac{p_f}{p_w} + 1\right)\pi . \tag{7}$$

Sind S Gruppen in Reihe geschaltet, so wird

$$\xi_f'' = \frac{\sin S\left(\frac{p_f}{p_w} + 1\right)\frac{\pi}{2}}{S \cdot \sin\left(\frac{p_f}{p_w} + 1\right)\frac{\pi}{2}} . \tag{8}$$

Der Bruch wird Null, wenn der Zähler Null, der Nenner von Null verschieden ist. Damit der Zähler Null wird, muß $S\left(\frac{p_f}{p_w} + 1\right)$ eine gerade Zahl sein. Dies ist immer erfüllt, wenn alle $2p_w$ Gruppen in Reihe geschaltet sind; dann muß $(p_f + p_w)$ eine ganze Zahl sein, was immer der Fall ist. Ist $(p_f + p_w)$ nicht nur eine ganze Zahl, sondern auch ein ganzes Vielfaches der ganzen Zahl n, so genügt die Hintereinanderschaltung von $\frac{2}{n}p_w$ Spulengruppen, um den Zähler des Bruches verschwinden zu lassen. Der Nenner wird nur dann Null, wenn $\frac{p_f}{p_w}$ eine ungerade Zahl ist. Durch Hintereinanderschalten einer hinreichenden Zahl von Spulengruppen läßt sich also ξ_f'' stets Null machen, sofern $\frac{p_f}{p_w}$ *keine ungerade* Zahl ist.

Bei den Wicklungen mit p_w Spulengruppen ist

$$\varphi = \frac{p_f}{p_w} 2\pi . \tag{9}$$

Daraus folgt

$$\xi_f'' = \frac{\sin S \frac{p_f}{p_w}\pi}{S \cdot \sin \frac{p_f}{p_w}\pi} . \tag{10}$$

Um den Zähler in dieser Gleichung verschwinden zu lassen, muß man $\frac{p_w}{n}$ Spulengruppen in Reihe schalten, wenn p_f ein ganzes Vielfaches der ganzen Zahl n ist. Bei einer Reihenschaltung aller p_w Spulen wird auch hier der Zähler stets Null. Der Nenner wird nur dann Null, wenn $\frac{p_f}{p_w}$ eine ganze Zahl ist. Da jedoch bei den Wicklungen mit p_w Spulengruppen der Faktor ξ_f' Null wird, wenn $\frac{p_f}{p_w}$ eine gerade Zahl ist (Gl. 5), so kann auch bei diesen Wicklungen der Wicklungsfaktor eines Stranges nur dann nicht zum Verschwinden gebracht werden, wenn $\frac{p_f}{p_w}$ eine ungerade Zahl ist.

Wir betrachten nun noch die dreiphasige zweischichtige Ganzlochwicklung. Bei ihr ist die Spulenbreite[1]) doppelt so groß wie bei den Einschichtwicklungen, und die Spulen können zu je p_w Spulengruppen vereinigt werden. Wir erhalten also die Bedingungen, unter denen ξ_f' Null wird, wenn wir in Gl. 5 $2q$ anstatt q einsetzen. Dann wird

$$\xi_f' = \frac{\sin \frac{1}{3} \frac{p_f}{p_w} \pi}{2q \cdot \sin \frac{1}{12q} \frac{p_f}{p_w} \pi} \cdot \sin \frac{1}{2} \frac{p_f}{p_w} \pi. \tag{11}$$

Man erkennt, daß bei der Zweischichtwicklung auch dann noch eine Beeinflussung der Wicklungen vermieden werden kann, wenn $\frac{p_f}{p_w}$ ein ganzes Vielfaches von 3 ist.

Das Ergebnis der Untersuchungen können wir also dahin zusammenfassen, daß bei Ganzlochwicklungen der Wicklungsfaktor eines Stranges nur dann nicht zum Verschwinden gebracht werden kann, wenn das Verhältnis $\frac{p_f}{p_w}$ eine ungerade Zahl ist, die kein Vielfaches von 3 ist.

b) Die Läuferwicklung.

Die Läuferwicklung ist als Kurzschlußwicklung ausgeführt. Ihre wesentlichste Eigenschaft ist die, daß ihr Wicklungsfaktor für die beiden Drehfelder verschieden ist. Dies läßt sich mit einer gewöhnlichen Kurzschlußwicklung (Käfigwicklung), bei der jeder Wicklungsstrang aus einem einzigen Stab besteht, nicht erreichen. Es muß vielmehr jeder Strang aus mehreren (mindestens zwei) in Reihe geschaltenen Leitern bestehen, die in verschiedenen Nuten liegen.

Besteht ein Wicklungsstrang aus z_2 Leitern, die am Ankerumfang um die räumlichen Winkel $\gamma_1, \gamma_2, \gamma_3 \cdots \gamma_n \cdots \gamma_{z_2}$ voneinander ent-

[1]) Richter: a. a. O. S. 179.

fernt liegen, so sind die entsprechenden Phasenwinkel für die beiden Felder

$$\varphi_{B_n} = \frac{\gamma_n}{p_B} \quad \text{und} \quad \varphi_{A_n} = \frac{\gamma_n}{p_A}. \tag{12}$$

Da die Winkel φ_A und φ_B bei gegebener Leiterzahl den Wicklungsfaktor bestimmen, so folgt daraus, daß dieser für jedes der beiden Felder einen anderen Wert hat.

Bezeichnen nun

m_1 die Strangzahl der Ständerwicklung,
m_2 die Strangzahl der Läuferwicklung,
ξ_1 den Wicklungsfaktor eines Stranges der Ständerwicklung,
ξ_2 den Wicklungsfaktor eines Stranges der Läuferwicklung,
w_1 die Windungszahl eines Stranges der Ständerwicklung,
w_2 die Windungszahl eines Stranges der Läuferwicklung,
r_2 den wirklichen Widerstand eines Stranges der Läuferwicklung,
r_2' den auf einen Strang der Ständerwicklung umgerechneten Widerstand eines Stranges der Läuferwicklung,
$x_{2\sigma}$ die Streureaktanz eines Stranges der Läuferwicklung,
$x_{2\sigma}'$ die auf einen Strang der Ständerwicklung umgerechnete Streureaktanz eines Stranges der Läuferwicklung,

so ist

$$r_{2A}' = k_{2A} \cdot r_2, \tag{13a}$$

$$r_{2B}' = k_{2B} \cdot r_2. \tag{13b}$$

Die Reduktionsfaktoren k_{2A} und k_{2B} sind dabei definiert durch die Gleichungen

$$k_{2A} = \frac{m_1}{m_2}\left(\frac{w_{1A}}{w_2}\right)^2\left(\frac{\xi_{1A}}{\xi_{2A}}\right)^2, \tag{14a}$$

$$k_{2B} = \frac{m_1}{m_2}\left(\frac{w_{1B}}{w_2}\right)^2\left(\frac{\xi_{1B}}{\xi_{2B}}\right)^2. \tag{14b}$$

Die Verschiedenheit der Wicklungsfaktoren für die beiden Felder hat also auch eine Verschiedenheit der reduzierten Läuferwirkwiderstände zur Folge. Auf der Verschiedenheit der Läuferwirkwiderstände beruht, wie im vorhergehenden Abschnitt ausgeführt wurde, die Wirkungsweise des Motors.

Nun treten aber die Reduktionsfaktoren k_2 nicht nur bei der Umrechnung der sekundären Wirkwiderstände, sondern auch bei der Umrechnung der sekundären Streureaktanzen auf. Es ist

$$x_{2\sigma_A}' = k_{2A} \cdot x_{2\sigma_A}, \tag{15a}$$

$$x_{2\sigma_B}' = k_{2B} \cdot x_{2\sigma_B}. \tag{15b}$$

Ändern sich aber $x_{2\sigma_A}'$ und r_{2A}' bei Änderung von ξ_{2A} in gleichem

Verhältnis, so geht mit Zunahme dieser Größen der Strom so sehr zurück, daß trotz der Zunahme von r'_{2A} keine wesentliche Vergrößerung des Anlaufmoments zu erzielen ist. Gelingt es jedoch, die Streureaktanz $x_{2\sigma}$ von ξ_2 so abhängig zu machen, daß sie sich mit ξ_2^2 proportional ändert, so fällt bei der Umrechnung auf die Primärseite der Faktor ξ_2^2 heraus, und $x'_{2\sigma}$ wird von ξ_2 unabhängig.

Dies erreicht man, wie wir sehen werden, für einen großen Teil der sekundären Streureaktanz dadurch, daß man die Wicklung als z_2-Schichtwicklung ausführt, wenn z_2 wieder die Zahl der Leiter eines Stranges ist. Jede Nut enthält dann z_2 Leiter, die z_2 verschiedenen Strängen angehören, und die Zahl der Stränge ist gleich der Zahl der Nuten. Die Leiter einer Nut können entweder übereinander- oder nebeneinanderliegend angeordnet sein. In Abb. 3a und 3b sind z. B. diese Anordnungen für $z_2 = 3$ dargestellt.

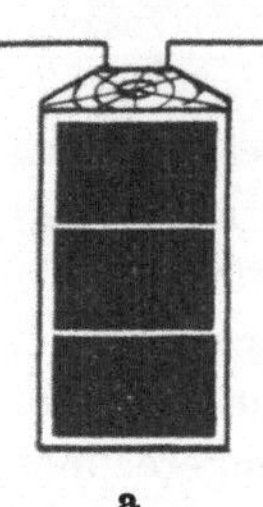
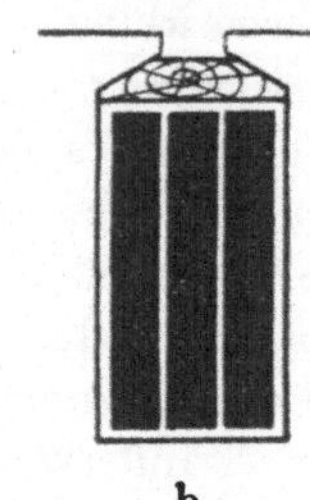

a Abb. 3. b

Wir bestimmen nun für einen Läuferstrang die Nuten- und Zahnkopfstreuung. Dabei legen wir zunächst die Leiteranordnung nach Abb. 3b zugrunde, bei der das ganze Nutenquerfeld mit allen Leitern gleichmäßig verkettet ist. Die Ströme in den einzelnen, verschiedenen Strängen angehörenden Leitern sind gegeneinander um dieselbe Phase verschoben, wie die EMKe der einzelnen Leiter eines einzigen Stranges. Bezeichnet also J_2 den Effektivwert des Strangstromes, so ist der Effektivwert der Durchflutung einer Nut

$$\Theta_2 = z_2 \xi_2 J_2 . \tag{16}$$

Die EMK der Nuten- und Zahnkopfstreuung eines Läuferstranges wird nun für die Ständerfrequenz f_1

$$e_{2\sigma(N+K)} = z_2 \xi_2 \cdot 2\pi f_1 \cdot \Theta_2 (\Lambda_N + \Lambda_K) \tag{17}$$

Dabei ist Λ_N der ideelle magnetische Leitwert[1]) einer Nut und Λ_K der mittlere magnetische Leitwert für den Zahnkopfstreufluß einer Nut. Wenn man noch beachtet, daß die Windungszahl eines Läuferstranges $w_2 = \frac{z_2}{2}$ ist, so folgt aus den Gl. 16 und 17

$$e_{2\sigma(N+K)} = 4 w_2^2 \xi_2^2 \cdot 2\pi f_1 J_2 (\Lambda_N + \Lambda_K) . \tag{18}$$

[1]) Vgl. Richter: Elektrische Maschinen I. S. 268. Berlin 1924.

Die Nuten- und Zahnkopfstreureaktanz eines Läuferstranges wird dann

$$x_{2\,\sigma(N+K)} = 4\,w_2^2\,\xi_2^2 \cdot 2\pi f_1 (\Lambda_N + \Lambda_K). \tag{19}$$

Auf einen Ständerstrang bezogen ergibt sich nach den Gl. 14 und 15

$$x'_{2\,\sigma(N+K)} = \frac{m_1}{m_2}(w_1 \xi_1)^2 \cdot 2\pi f_1 (\Lambda_N + \Lambda_K). \tag{20}$$

Wir sehen, daß in der endgültigen Formel für $x'_{2\,\sigma(N+K)}$ der sekundäre Wicklungsfaktor ξ_2 nicht mehr enthalten ist, daß also $x'_{2\,\sigma(N+K)}$ von ξ_2 unabhängig ist. Dadurch, daß man also den Läuferwicklungsfaktor ξ_{2A} für die Anlaufwicklung klein macht, erreicht man eine Vergrößerung des reduzierten Läuferwirkwiderstandes für diese Wicklung, ohne daß sich zugleich der wesentlichste Teil der reduzierten Läuferstreureaktanz vergrößert. Die Vergrößerung des reduzierten Läuferwirkwiderstandes ist, wie wir im Abschnitt 1 gesehen haben, für die Wirkungsweise des Motors von grundlegender Bedeutung. Die Vergrößerung der reduzierten Läuferstreureaktanz dagegen muß nach Möglichkeit vermieden werden, weil durch sie Strom und Drehmoment in unvorteilhafter Weise herabgesetzt werden.

Der Wicklungsfaktor ξ_{2B} der Betriebswicklung soll im Interesse einer guten Ausnutzung des Läuferkupfers einen von 1 möglichst wenig verschiedenen Wert besitzen. Im Betrieb unterscheidet sich dann der Motor in keiner Weise von einem gewöhnlichen Drehstrommotor mit Kurzschlußläufer. Hierin liegt ein großer Vorzug des neuen Motors gegenüber den meisten anderen Maschinen, die Einrichtungen zur Verbesserung der Anlaufverhältnisse besitzen.

Beim Entwurf der Läuferwicklung erkennt man, daß man bei einer bestimmten Größe von ξ_{2A} dem Wert $\xi_{2B} = 1$ um so näher kommt, je größer man z_2 macht. Andererseits gebietet jedoch die Rücksicht auf einfache technische Ausführbarkeit der Wicklung, z_2 so klein als möglich zu halten.

Für den Zahnkopfstreufluß und den äußeren Teil des Nutenstreuflusses, der mit allen Leitern vollkommen verkettet ist, gelten die oben angestellten Betrachtungen auch dann, wenn die Leiter einer Nut nach Abb. 3a angeordnet sind, nicht aber für den inneren Nutenstreufluß, der nur teilweise mit den Stromleitern verkettet ist. Die diesem Fluß entsprechende reduzierte Streureaktanz ist nicht unabhängig von ξ_2. Die Anordnung der Leiter nach Abb. 3a ist also für die Wirkungsweise des Motors ungünstiger als die Anordnung nach Abb. 3b, dagegen hat sie vor dieser den Vorzug einfacherer technischer Ausführbarkeit.

Der reduzierte Wert der Läuferstirnstreureaktanz ist von ξ_2 nicht uuabhängig, weil an den Stirnverbindungen jeder Strang magnetisch größtenteils nur mit sich selbst verkettet ist. Dies fällt nicht erheblich ins Gewicht, da die Stirnstreuung einen verhältnismäßig geringen Anteil an der gesamten Streuung hat.

3. Der Versuchsmotor.

Ein Versuchsmotor, der nach dem beschriebenen Prinzip gebaut wurde, hat den Blechschnitt eines normalen dreiphasigen Asynchronmotors mit folgenden Daten:

Leistung	3,68 kW = 5 PS,
Polzahl	4,
Frequenz	50 Per/sec,
Drehzahl	1500 Uml/min,
Umfangsgeschwindigkeit . . .	13 m/sec,
Wirkungsgrad × Leistungsfaktor	0,845 × 0,84 = 0,71.

	Ständer	Läufer
Äußerer Durchmesser	255 mm	165 mm
Innerer Durchmesser	165,8 „	76 „
Totale Breite	130 „	130 „
Luftschlitze	1 × 7 „	1 × 7 „
Effektive Breite	123 „	123 „
Nutenzahl	36	24
Polteilung	130 mm	
Luftspalt, einseitig	0,4 „	

Die Betriebswicklung des Motors ist vierpolig; ihr Wicklungsschema zeigt Abb. 4. Die Wicklung ist in zwei Teilwicklungen zer-

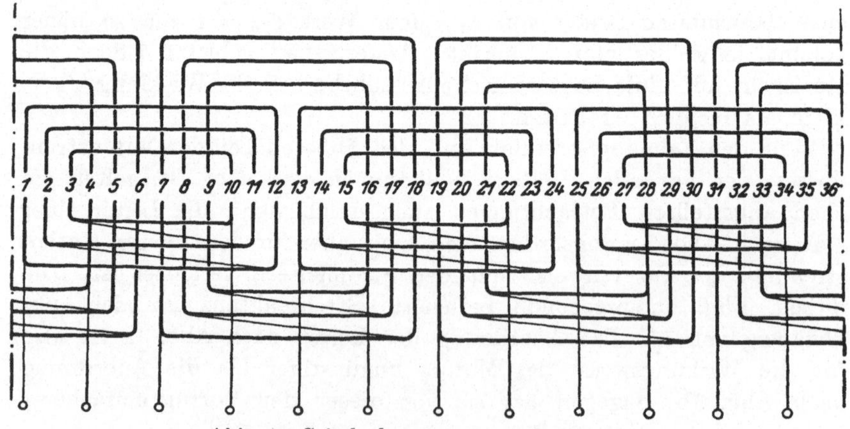

Abb. 4. Schaltplan der Betriebswicklung.

legt: Wicklung I und Wicklung II. Die Wicklung I hat 16 Leiter pro Nut, die Wicklung II dagegen 2 Leiter pro Nut. Durch Gegenschalten, Offenlassen oder Zuschalten der Wicklung II läßt sich also eine vierpolige Wicklung mit 14, 16 oder 18 Leitern pro Nut herstellen.

Die Anlaufwicklung, deren Schema Abb. 5 zeigt, ist zweipolig und hat 5 Leiter pro Nut.

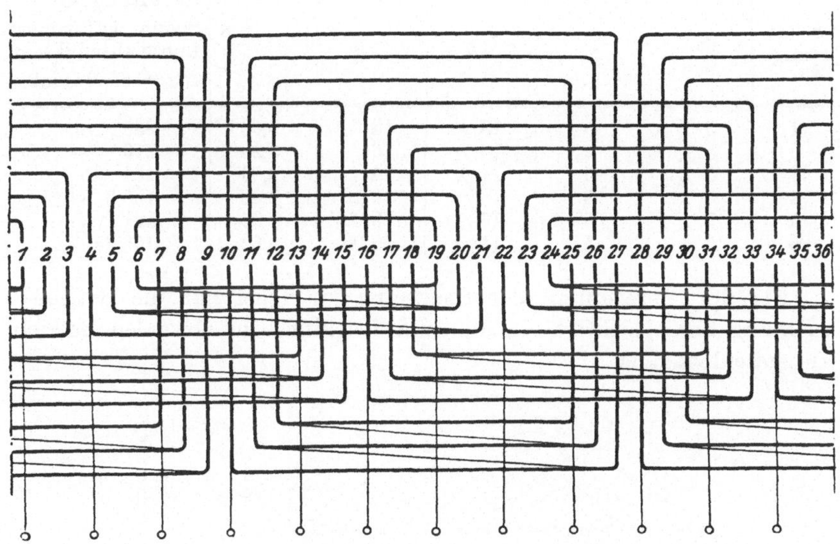

Abb. 5. Schaltplan der Anlaufwicklung.

Daß die Wechselreaktanz der beiden Wicklungen Null ist, ergibt sich aus unseren früheren Betrachtungen. Sowohl der Wicklungsfaktor der zweipoligen Wicklung für das vierpolige Feld als auch der der vierpoligen Wicklung für das zweipolige Feld ist Null[1]). Für die Grundwellen der eigenen Felder sind die Wicklungsfaktoren[2]):

für die Anlaufwicklung . . . . . $= 0{,}956$,
für die Betriebswicklung . . . . . $= 0{,}960$.

Es sei z_{1A} die Leiterzahl pro Nut der Anlaufwicklung und z_{1B} die Leiterzahl pro Nut der Betriebswicklung; dann lassen sich unter Berücksichtigung der Schaltung (Stern oder Dreieck) noch wirksame Leiterzahlen pro Nut z_1' einführen, so daß bei Sternschaltung $z_1' = z_1$, bei Dreieckschaltung $z_1' = \frac{z_1}{\sqrt{3}}$ ist. Das Verhältnis $v' = \frac{z'_{1B}}{z'_{1A}}$ läßt sich in weiten Grenzen ändern dadurch, daß man einerseits die Leiter-

[1]) Richter: a. a. O., Gl. 120 und 128. — [2]) Ebenda, Tabelle auf Seite 359.

zahl pro Nut z_{1B} der Betriebswicklung ändert und diese andererseits entweder in Stern- oder in Dreieckschaltung zu der in Stern geschalteten Anlaufwicklung in Reihe schaltet.

Es ergeben sich die in der Zahlentafel 1 aufgeführten Schaltungsmöglichkeiten.

Zahlentafel 1.

Schaltung	z_{1A}	z'_{1A}	z_{1B}	z'_{1B}	$\vartheta = \frac{z'_{1B}}{z'_{1A}}$	Verkettete Spannung für eine Luftspaltinduktion $B_L = 6250$ Gauß
1	5 ⅄	5	18 ⅄	18	3,60	235 Volt
2	5 ⅄	5	16 ⅄	16	3,20	210 „
3	5 ⅄	5	14 ⅄	14	2,80	184 „
4	5 ⅄	5	18 △	10,40	2,08	135,5 „
5	5 ⅄	5	16 △	9,23	1,85	121 „
6	5 ⅄	5	14 △	8,08	1,62	106,25 „

Bei der Berechnung der Spannung ist dabei nur die Betriebswicklung berücksichtigt, da die Anlaufwicklung im normalen Betrieb kurzgeschlossen ist.

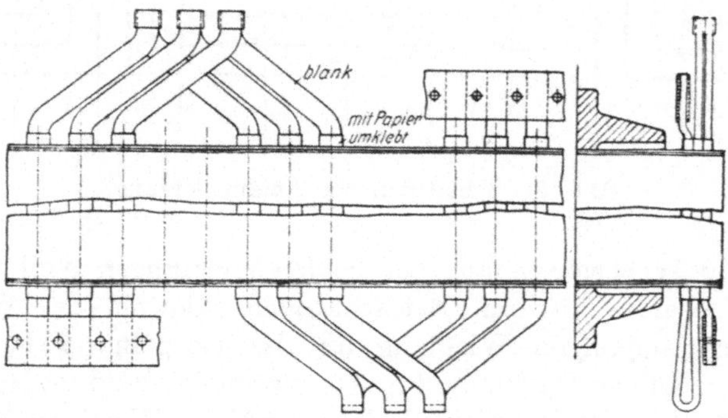

Abb. 6. Zeichnung der Läuferwicklung.

Die **Läuferwicklung** ist als Dreischichtwicklung ausgeführt; ihre Wicklungszeichnung zeigt Abb. 6. Der Wicklungsfaktor für die Grundwelle der EMK des zweipoligen Feldes ergibt sich zu

$$\xi_{2A} = \frac{\sin 3 \cdot 75^0}{3 \cdot \sin 75^0} = 0{,}144\,,$$

der entsprechende Wicklungsfaktor für das vierpolige Feld zu

$$\xi_{2B} = \frac{\sin 3 \cdot 15^0}{3 \cdot \sin 15^0} = 0{,}913\,.$$

Die Verschiedenheit des Wicklungsfaktors kommt gut zum Ausdruck, wenn man für einen Läuferstrang die Spannungspolygone für die beiden Felder aufgezeichnet, wie es in Abb. 7a und 7b geschehen ist.

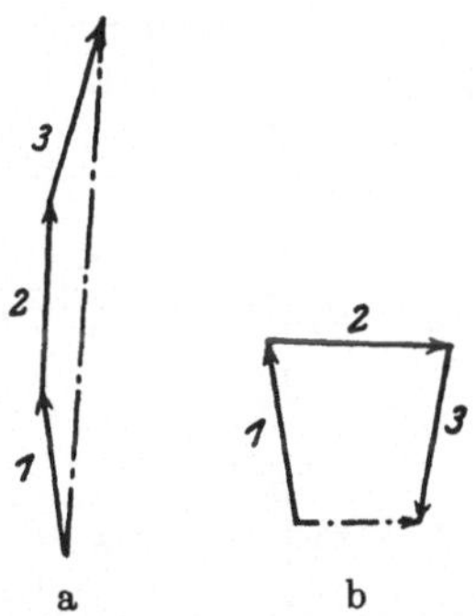

Abb. 7. Spannungspolygone der Läuferwicklung: a für die Betriebspolzahl, b für die Anlaufpolzahl.

Aus dem wirklichen Widerstand r_2 eines Läuferstranges lassen sich nun mit Hilfe der Gl. 14 die auf den Ständer bezogenen Wirkwiderstände r'_{2A} und r'_{2B} berechnen. Man erhält für den Versuchsmotor die in der Zahlentafel 2 angegebenen Werte.

Zahlentafel 2.

Wicklung	m_1	m_2	w_1	w_2	ξ_1	ξ_2	r_2'
4-pol. Wicklung, 14 Leiter pro Nut	3	24	84	1,5	0,960	0,913	$442\,r_2$
„ „ 16 „ „ „	3	24	96	1,5	0,960	0,913	$562\,r_2$
„ „ 18 „ „ „	3	24	108	1,5	0,960	0,913	$700\,r_2$
2-pol. Wicklung	3	24	30	1,5	0,956	0,144	$2200\,r_2$

Man erkennt, daß der Wirkwiderstand r'_{2A} der Anlaufwicklung um ein Vielfaches höher ist als die Widerstände r'_{2B} der Betriebs wicklung mit 14, 16 bzw. 18 Leitern pro Nut.

4. Die Theorie des Motors.

Neben den schon gebrauchten Bezeichnungen sollen bedeuten:

$x_1 = x_{11} + x_{1\sigma}$ die totale Reaktanz eines Stranges der Ständerwicklung,
$x_2 = x_{22} + x_{2\sigma}$ die totale Reaktanz eines Stranges der Läuferwicklung,
x_{11} die Nutzreaktanz eines Stranges der Ständerwicklung,
x_{22} die Nutzreaktanz eines Stranges der Läuferwicklung,
$x_{12} = x_{21}$ die Wechselreaktanz zwischen Ständer- und Läuferwicklung,
$x_{1\sigma}$ die Streureaktanz eines Stranges der Ständerwicklung,
r_1 den Wirkwiderstand eines Stranges der Ständerwicklung,
s die Schlüpfung,
J_1 den Strom in einem Strang der Ständerwicklung,
U_1 die Spannung an einem Strang der Ständerwicklung,
f_1 die Netzfrequenz,
n die Drehzahl der Maschine in Uml/min.

Bei Vernachlässigung der Eisenverluste gelten dann für die Maschine (vgl. Abb. 1) folgende Gleichungen[1]):

$$U_1 = U_{1A} + U_{1B}, \tag{21}$$

$$U_{1A} = J_1 \left\{ r_{1A} + \frac{r_2}{s_A} \cdot \frac{x_{12A}^2}{\left(\frac{r_2}{s_A}\right)^2 + x_{2A}^2} - j\left[x_{1A} - x_{2A} \frac{x_{12A}^2}{\left(\frac{r_2}{s_A}\right)^2 + x_{2A}^2} \right] \right\} \tag{22a}$$

$$U_{1B} = J_1 \left\{ r_{1B} + \frac{r_2}{s_B} \cdot \frac{x_{12B}^2}{\left(\frac{r_2}{s_B}\right)^2 + x_{2B}^2} - j\left[x_{1B} - x_{2B} \frac{x_{12B}^2}{\left(\frac{r_2}{s_B}\right)^2 + x_{2B}^2} \right] \right\} \tag{22b}$$

Wir bringen die Gl. 22 auf eine andere, für unsere Zwecke besser brauchbare Form und führen dabei den Blondelschen Koeffizienten der Gesamtstreuung ein, d. h. die in physikalischen Rechnungen viel gebrauchte Größe

$$\sigma = 1 - \frac{M^2}{L_1 L_2};$$

mit unseren Bezeichnungen schreiben wir

$$\sigma_A = 1 - \frac{x_{12A}^2}{x_{1A} \cdot x_{2A}}, \tag{23a}$$

$$\sigma_B = 1 - \frac{x_{12B}^2}{x_{1B} \cdot x_{2B}}. \tag{23b}$$

Die Gleichungen 22a und 22b gehen dann über in:

$$U_{1A} = J_1 \cdot \frac{(r_{1A} - j\,x_{1A}) - j\,\frac{x_{2A}}{r_2}(r_{1A} - j\,x_{1A} \cdot \sigma_A) \cdot s_A}{1 - j\,\frac{x_{2A}}{r_2} \cdot s_A}, \tag{24a}$$

$$U_{1B} = J_1 \cdot \frac{(r_{1B} - j\,x_{1B}) - j\,\frac{x_{2B}}{r_2}(r_{1B} - j\,x_{1B} \cdot \sigma_B) \cdot s_B}{1 - j\,\frac{x_{2B}}{r_2} \cdot s_B}. \tag{24b}$$

Von den Gl. 24a und 24b beschreibt jede für sich die Arbeitsweise eines gewöhnlichen Induktionsmotors. Wir können also unter Beachtung der Gl. 21 den Motor vollständig ersetzen durch zwei einzelne gewöhnliche Induktionsmaschinen der Polpaarzahl p_A und p_B, die mechanisch gekuppelt sind und deren Ständer in Reihe ge-

[1]) Vgl. Rziha und Seidener: Starkstromtechnik (Ossanna, Dynamomaschinen). 5. Aufl., S. 270.

schaltet sind. Aus dieser Tatsache ergibt sich auch ohne weiteres der für unsere Maschine gültige Ersatzstromkreis. Er ist einfach die Reihenschaltung von zwei Ersatzstromkreisen des gewöhnlichen Induktionsmotors; er ist in Abb. 8a und in etwas übersichtlicherer Form in Abb. 8b dargestellt.

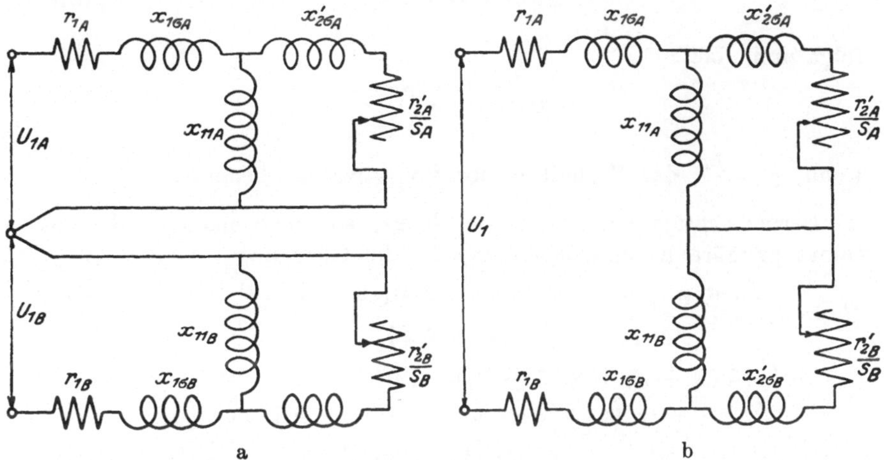

a b

Abb. 8. Ersatzstromkreise für den Motor in Abb. 1.

Daß die beiden Drehfelder bezüglich der Ständerwicklungen sich nicht stören, haben wir bereits nachgewiesen. Im Läufer wird durch jedes Drehfeld ein Strom induziert. Diese Ströme überlagern sich; sie haben aber verschiedene Frequenzen und beeinflussen sich in keiner Weise. Es läßt sich mithin die Anordnung der Abb. 1 gleichwertig ersetzen durch diejenige der Abb. 9.

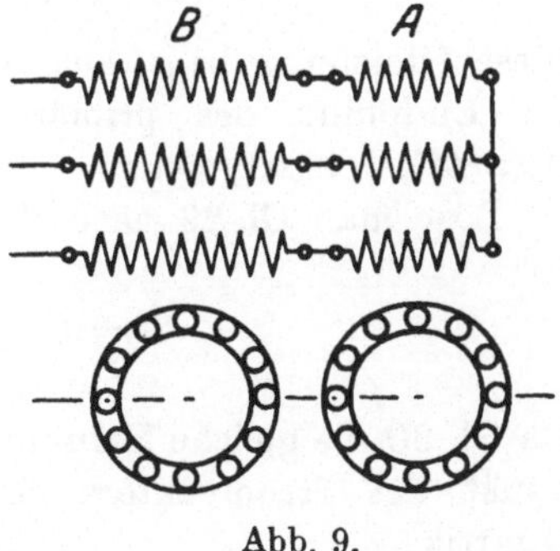

Abb. 9.

Die Gl. 24a und 24b haben die Form der Vektorgleichungen

$$U_{1A} = J_1 \frac{\mathfrak{A} + \mathfrak{B} \cdot s_A}{\mathfrak{C} + \mathfrak{D} \cdot s_A}, \qquad (25a)$$

$$U_{1B} = J_1 \frac{\mathfrak{E} + \mathfrak{F} \cdot s_B}{\mathfrak{C} + \mathfrak{G} \cdot s_B}, \qquad (25b)$$

und die geometrischen Orte der Endpunkte der Spannungsvektoren bei konstantem Strom und veränderlicher Schlüpfung sind Kreise[1]).

[1]) Bloch: Die Ortskurven der graphischen Wechselstromtechnik. S. 45 u. f. Zürich 1917.

Aus der Definition der Schlüpfungen

$$s_A = 1 - \frac{n p_A}{60 f_1}, \tag{26a}$$

$$s_B = 1 - \frac{n p_B}{60 f_1} \tag{26b}$$

folgt nun, daß

$$s_A = \frac{\varrho + s_B - 1}{\varrho}, \tag{27}$$

wenn $\varrho = \frac{p_B}{p_A}$ das Verhältnis der Polpaarzahlen bedeutet.

Berücksichtigt man noch die Gl. 21, so erhält man für die gesamte primäre Klemmenspannung U_1 die Gleichung

$$U_1 = J_1 \frac{\{\varrho[\mathfrak{C}(\mathfrak{A} + \mathfrak{B} + \mathfrak{E}) + \mathfrak{E}\mathfrak{D}] - [\mathfrak{B}\mathfrak{C} + \mathfrak{E}\mathfrak{D}]\} + \{\varrho[\mathfrak{G}(\mathfrak{A} + \mathfrak{B}) + \mathfrak{F}(\mathfrak{C} + \mathfrak{D})] - [\mathfrak{B}(\mathfrak{C} + \mathfrak{G}) + \mathfrak{D}(\mathfrak{C} - \mathfrak{E})]\} s_B + \{\mathfrak{B}\mathfrak{G} - \mathfrak{F}\mathfrak{D}\} s_B^2}{\{\varrho[\mathfrak{C}(\mathfrak{C} + \mathfrak{D})] - \mathfrak{C}\mathfrak{D}\} + \{\varrho[\mathfrak{G}(\mathfrak{C} + \mathfrak{D})] + [\mathfrak{D}(\mathfrak{C} - \mathfrak{G})]\} s_B + \{\mathfrak{D}\mathfrak{G}\} s_B^2}. \tag{28}$$

Zieht man im Zähler und Nenner die mit gleichen Potenzen von s_B verbundenen Vektoren zu je einem zusammen, so erhält man

$$U_1 = J_1 \frac{\mathfrak{K} + \mathfrak{L} \cdot s_B + \mathfrak{M} \cdot s_B^2}{\mathfrak{N} + \mathfrak{O} \cdot s_B + \mathfrak{P} \cdot s_B^2}. \tag{29}$$

Diese Gleichung sagt aus, daß für konstanten primären Strom J_1 der Endpunkt des primären Spannungsvektors eine **bizirkulare Quartik**[1]) beschreibt.

Löst man Gl. 29 nach J_1 auf, so erhält man

$$J_1 = U_1 \cdot \frac{\mathfrak{N} + \mathfrak{O} \cdot s_B + \mathfrak{P} \cdot s_B^2}{\mathfrak{K} + \mathfrak{L} \cdot s_B + \mathfrak{M} \cdot s_B^2}. \tag{30}$$

Da Gl. 30 die gleiche Form hat wie Gl. 29, so beschreibt auch der Endpunkt des Stromvektors bei konstanter Spannung eine bizirkulare Quartik.

Mit dieser Erkenntnis ist jedoch nicht viel gewonnen. Eine solche Kurve vierter Ordnung läßt sich nicht in der einfachen Weise wie ein Kreis zeichnen, auch wenn so viel Punkte von ihr bekannt sind, daß mathematisch ihr Verlauf festliegt. Selbst wenn wir die Kurve

---

[1]) Bloch: a. a. O.

des Stromvektors gezeichnet hätten, so könnten wir aus diesem Diagramm noch nicht unmittelbar das Drehmoment ablesen, wie wir später sehen werden.

Wir gehen deshalb, um den Verlauf des Stromes und des Drehmomentes zu bestimmen, in anderer Weise vor. Wir dividieren die Gl. 21 durch J_1 und erhalten die Impedanzgleichung

$$z = z_A + z_B. \tag{31}$$

Nun bestimmen sich z_A und z_B aus den Gl. 24a und 24b zu

$$z_A = \frac{(r_{1A} - j\,x_{1A}) - j\,\frac{x_{2A}}{r_2}(r_{1A} - j\,x_{1A}\cdot\sigma_A)\cdot s_A}{1 - j\,\frac{x_{2A}}{r_2}\cdot s_A}, \tag{32a}$$

$$z_B = \frac{(r_{1B} - j\,x_{1B}) - j\,\frac{x_{2B}}{r_2}(r_{1B} - j\,x_{1B}\cdot\sigma_B)\cdot s_B}{1 - j\,\frac{x_{2B}}{r_2}\cdot s_B}. \tag{32b}$$

Die Gl. 32a und 32b stellen Impedanzkreise dar. Die Gesamtimpedanz ergibt sich als die geometrische Summe zusammengehöriger Werte von z_A und z_B. Sind die Impedanzkreise bekannt, so lassen sich die Teilspannungen U_{1A} und U_{1B} bei konstanter Primärspannung U_1 ermitteln.

Aus Gl. 21 und dem Verhältnis

$$\frac{U_{1A}}{U_{1B}} = \frac{z_A}{z_B} \tag{33}$$

folgen nämlich die vektoriellen Beziehungen

$$U_{1A} = U_1\,\frac{z_A}{z_A + z_B}, \tag{34a}$$

$$U_{1B} = U_1\,\frac{z_B}{z_A + z_B}. \tag{34b}$$

Kennt man erst die Teilspannungen U_{1A} und U_{1B}, so ist die weitere Behandlung fast ebenso einfach wie die von zwei gewöhnlichen Drehstrommotoren.

5. Rechnerische Ermittelung der Impedanzkreise der einzelnen Wicklungen.

Wir ermitteln zunächst in bekannter Weise die Leitwertkreise (Stromkreise für konstante Spannung). Wir berechnen den Leerlaufstrom nach Größe und Phase, tragen ihn (Abb. 10) in der durch den Phasenwinkel φ_0 zwischen ihm und der Klemmenspannung gegebenen Lage auf und erhalten dadurch den Punkt A (Leerlaufpunkt). Die Berechnung des Kurzschlußstromes und seine Auftragung unter dem Phasenwinkel φ_k liefert den Punkt B (Kurzschlußpunkt) des Kreises. Ein geometrischer Ort für den Kreismittelpunkt M ist die Mittelsenkrechte auf der Verbindungslinie AB. Ein zweiter Ort für M ist der freie Schenkel des an BA im Punkte B angetragenen Winkels $(90^0 - \varphi_{k2})$, der sich rechnerisch aus den Wirkwiderständen und Reaktanzen ermitteln läßt.

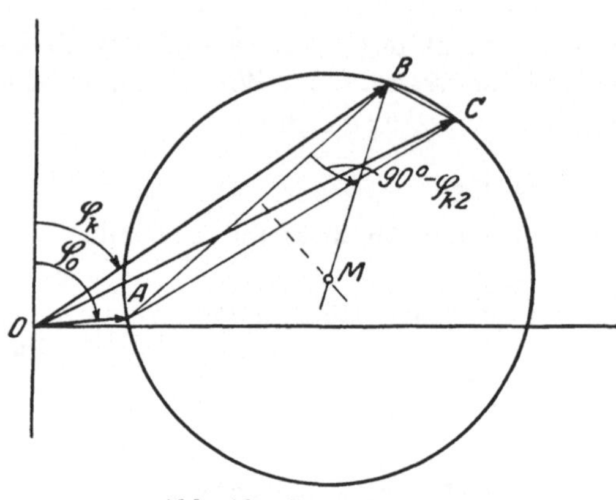

Abb. 10. Stromdiagramm.

Um die Schlüpfungslinie zu erhalten, ist noch der Punkt des ideellen Kurzschlusses C zu ermitteln, den wir mit Hilfe der bekannten Beziehung

$$\frac{AC}{BC} = \frac{z_{k2}}{r_2} \tag{35}$$

finden, wo z_{k2} die Kurzschlußimpedanz eines Stranges bei Speisung von der Sekundärseite ist.

Von dem Leitwertkreis gelangt man zu dem Impedanzkreis durch das Verfahren der Inversion[1]).

6. Experimentelle Ermittelung der Impedanzkreise.

Setzt man in den Gl. 32a und 32b $s_A = s_B = 0$ (Leerlauf), so erhält man

$$z_{0A} = r_{1A} - j x_{1A}, \tag{36a}$$

$$z_{0B} = r_{1B} - j x_{1B}. \tag{36b}$$

r_{1A} und r_{1B} sind die Widerstände je einer Phase der Ständerwicklungen, x_{1A} und x_{1B} deren Leerlaufreaktanzen. Kennt man r_1 und x_1, so ist der Punkt A des Impedanzkreises (Abb. 11) einfach zu ermitteln[2]).

[1]) Vgl. Bloch: a. a. O., S. 101.

[2]) In Wirklichkeit müßte nach den Gl. 36a und 36b der Punkt A ebenso wie auch die anderen charakteristischen Punkte der Impedanzkreise im 2. Quadranten liegen. Die entsprechenden Punkte der durch Inversion zu

Für r_1 ist dabei der Wirkwiderstand (unter Ausschluß der Eisenverluste) einzusetzen. Dieser ist nicht direkt meßbar. Bei kleinen Maschinen, die Drahtwicklung mit geringem Querschnitt haben, kann der Wirkwiderstand dem Gleichwiderstand gleichgesetzt werden. Bei größeren Maschinen mit Stabwicklung kann der Wirkwiderstand als das Verhältnis $\frac{N_0 - Q_E}{J_0^2}$ ermittelt werden, wobei N_0 die bei Leerlauf gemessene Leistung, J_0 der Leerlaufstrom und Q_E die Eisenverlust-Leistung ist. Q_E kann nach einem bekannten Verfahren durch den Versuch ermittelt werden.

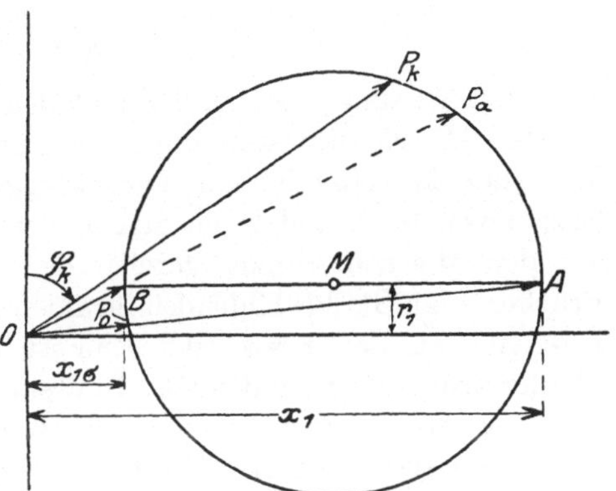

Abb. 11. Impedanzdiagramm.

Die Leerlaufreaktanz x_1 erhält man durch Messung von Strom, Spannung und Leistung bei Leerlauf. Man kann aber auch, ohne einen nennenswerten Fehler zu begehen, den absoluten Wert der Leerlaufreaktanz gleich dem absoluten Wert der Leerlaufimpedanz setzen; man braucht dann beim Versuch die Leistung nicht zu messen.

Setzt man in den Gl. 32 $s_A = s_B = \infty$ (ideeller Kurzschluß), so erhält man

$$z_{x\,A} = r_{1\,A} - j x_{1\,A} \cdot \sigma_A, \tag{37a}$$

$$z_{x\,B} = r_{1\,B} - j x_{1\,B} \cdot \sigma_B. \tag{37b}$$

Man erkennt aus diesen Gleichungen, daß sich ein zweiter Punkt B des Impedanzkreises ermitteln läßt, wenn man den Koeffizienten σ der Gesamtstreuung kennt. Dieser ist auf einfache Weise nach einem Verfahren von L. Dreyfus[1]) durch Versuch zu bestimmen.

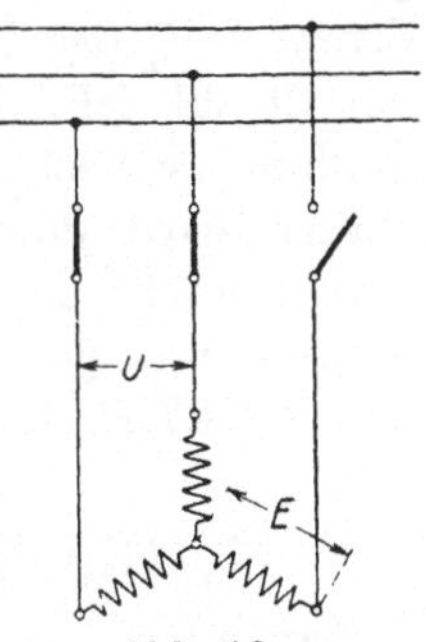

Abb. 12. Schaltung zur experimentellen Bestimmung des Streukoeffizienten.

Trennt man nämlich bei einem laufenden Drehstrommotor, dessen Ständer in Stern geschaltet ist, eine Phase vom Netz ab, so läuft

findenden Leitwert- und Stromkreise dagegen fallen in den 1. Quadranten. Wir legen gewohnheitshalber alle Kreise in den 1. Quadranten.

[1]) Dreyfus, L.: E. u. M. 1921. S. 149.

der Motor als Einphasenmotor weiter (Abb. 12). Bezeichnet man nun die Spannung an den Netzklemmen mit U und die in der abgetrennten Phase induzierte EMK mit E, so besteht die Beziehung

$$\sigma = \frac{\frac{U}{\sqrt{3}} - E}{\frac{U}{\sqrt{3}} + E}. \tag{38}$$

Nach Messung von U und E läßt sich also σ rechnerisch ermitteln.

Der Mittelpunkt des Impedanzkreises ist, wie sich nachweisen läßt, der Mittelpunkt der Verbindungslinie AB. Die Theorie der Ortskurven lehrt[1]), daß ein Strahl, der dem Strahl $BA = OA - OB$ um den gleichen Winkel voreilt, den die beiden den Nenner des Bruches (vgl. Gl. 32) bildenden Strahlen miteinander einschließen, eine Tangente an den Kreis ist. Nun ist der Winkel, den die beiden Glieder des Nenners in den Gl. 32 miteinander einschließen, ein rechter; die Tangente an den Kreis im Punkte A steht also auf BA senkrecht, und damit ist BA ein Durchmesser des Kreises.

Der Impedanzkreis läßt sich unter Berücksichtigung des Maßstabes auch als Leitwertkreis und Stromkreis auffassen. Die entsprechenden Strahlen des Impedanzkreises einerseits und des Leitwert- bzw. Stromkreises andererseits sind dann einander invers zugeordnet. So entspricht dem Strahl OA des Impedanzkreises der Strahl OP_0 des Leitwertkreises, dem Strahl OB des Impedanzkreises der Strahl OP_∞ des Leitwertkreises. Für die Auswertung der Diagramme ist noch die Kenntnis des Kurzschlußpunktes P_k erforderlich. Dieser wird durch eine gewöhnliche Kurzschlußmessung ermittelt. Man braucht dabei nicht einmal die Größe des Stromes zu messen, sondern nur den Phasenwinkel φ_k bei Kurzschluß, da dieser allein den Punkt P_k liefert.

7. Die Diagramme der Versuchsmaschine.

Wir konstruieren nun nach dem auf Seite 296 bis 298 entwickelten Verfahren die Diagramme für den beschriebenen Versuchsmotor.

Wir müssen hierfür zunächst die Leerlaufimpedanz kennen. Die Ergebnisse der Impedanzmessungen enthält Zahlentafel 3. Die Messungen an der vierpoligen Wicklung wurden bei angenähert normaler Betriebsspannung (einer maximalen Luftspaltinduktion $B_L = 6250$ Gauß entsprechend) vorgenommen. Bei der zweipoligen Wicklung konnte jedoch bei der Wahl der Klemmenspannung die

---

[1]) Vgl. z. B. Thomälen: Kurzes Lehrbuch der Elektrotechnik. 9. Aufl., S. 190.

Zahlentafel 3.

Leerlaufimpedanz [$s = 0$].

Wicklung	Strang	U Volt	J_0 Amp.	z_0 Ohm	z_0 Mittelwert	z_0 Gesamtmittel
4-pol. Wicklung 14 Leiter pro Nut	I	104,1 106,6	7,30 7,67	14,3 13,9	14,1	14,83
	II	104,2 106,6	6,93 7,21	15,2 14,8	15,0	
	III	105,2 107,7	6,76 7,08	15,6 15,2	15,4	
4-pol. Wicklung 16 Leiter pro Nut	I	119,3 121,8	6,45 6,60	18,5 18,5	18,5	19,33
	II	119,0 121,8	6,05 6,30	19,7 19,3	19,5	
	III	121,0 122,0	5,96 6,20	20,3 19,7	20,0	
4-pol. Wicklung 18 Leiter pro Nut	I	130,6 134,0	5,58 5,70	23,4 23,5	23,45	24,25
	II	131,2 134,2	5,27 5,58	24,9 24,1	24,5	
	III	133,8 137,8	5,30 5,63	25,2 24,4	24,8	
2-pol. Wicklung 5 Leiter pro Nut	I	42,0 40,7	5,75 5,47	7,31 7,44	7,38	7,70
	II	42,7 41,2	5,52 5,32	7,74 7,75	7,74	
	III	41,8 40,8	5,30 5,08	7,90 8,04	7,97	

Luftspaltinduktion nicht zugrunde gelegt werden, da die Jochinduktion viel zu groß geworden wäre. Für die zweipolige Wicklung gehören z. B. folgende Werte zusammen:

B_L Gauß	B_{Joch} Gauß	Phasenspannung Volt
6250 3600	20800 12000	76 43,8

Um den Einfluß zu großer Eisensättigung auf die Messung auszuschalten, wurde mit der Spannung nicht über 43 Volt hinausgegangen.

Die Streukoeffizienten σ sind bei ungefähr denselben Spannungen gemessen wie die Leerlaufimpedanzen. Die Meßergebnisse enthält Zahlentafel 4.

Zahlentafel 4.

Streukoeffizient σ [Messung bei $s = 0$].

Bezeichnung nach Abb. 12.

Wicklung	Strang	U Volt	E Volt	$\frac{U}{\sqrt{3}}$	$\frac{U}{\sqrt{3}} - E$	$\frac{U}{\sqrt{3}} + E$	σ	σ Mittelwert	σ Gesamtmittel
4-pol. Wicklung 14 Leiter pro Nut	I	185,0	88,8	106,8	18,0	195,6	0,0922	0,0916	0,0908
		184,0	88,6	106,3	17,7	194,9	0,0910		
		183,0	88,0	105,7	17,7	193,7	0,0916		
	II	182,3	86,0	105,4	19,4	191,4	0,1012	0,1020	
		183,4	86,4	106,0	19,6	192,4	0,1018		
		185,2	87,0	107,0	20,0	194,0	0,1030		
	III	179,8	88,8	103,8	15,0	192,6	0,0779	0,0789	
		183,4	90,3	106,0	15,7	196,3	0,0800		
		185,0	91,2	106,8	15,6	198,0	0,0788		
4-pol. Wicklung 16 Leiter pro Nut	I	207,6	101,2	120,0	18,2	221,2	0,0824	0,0841	0,0867
		211,6	103,0	122,2	19,2	225,2	0,0853		
		213,0	103,8	123,0	19,2	226,8	0,0847		
	II	212,4	101,6	122,8	21,2	224,4	0,0945	0,0957	
		217,6	103,6	125,8	22,2	229,4	0,0972		
		208,0	99,5	120,2	20,7	219,7	0,0945		
	III	207,4	102,2	119,7	17,5	221,9	0,0790	0,0803	
		212,0	104,2	122,5	18,3	226,7	0,0808		
		214,0	105,2	123,7	18,5	228,9	0,0810		
4-pol. Wicklung 18 Leiter pro Nut	I	231,7	113,0	133,8	20,8	246,8	0,0845	0,0843	0,0864
		233,8	113,8	135,0	21,2	248,8	0,0853		
		236,0	115,4	136,3	20,9	251,7	0,0832		
	II	236,0	113,2	136,3	23,1	249,5	0,0928	0,0925	
		234,4	112,6	135,4	22,8	248,0	0,0920		
		234,0	112,3	135,2	22,9	247,5	0,0927		
	III	233,7	114,5	135,0	20,5	249,5	0,0823	0,0823	
		235,0	115,2	135,7	20,5	250,9	0,0818		
		236,4	115,7	136,6	20,9	252,3	0,0829		
2-pol. Wicklung 5 Leiter pro Nut	I	77,0	38,3	44,4	6,1	82,7	0,0737	0,0733	0,0771
		75,0	37,2	43,3	5,9	80,5	0,0733		
		71,5	35,6	41,2	5,6	76,8	0,0730		
	II	75,0	37,1	43,4	6,3	80,5	0,0783	0,0802	
		76,0	37,3	44,0	6,7	81,3	0,0824		
		77,1	38,0	44,6	6,6	82,6	0,0800		
	III	77,9	38,6	45,0	6,4	83,6	0,0765	0,0777	
		75,2	37,2	43,5	6,3	80,7	0,0781		
		74,9	37,0	43,3	6,3	80,3	0,0784		

Die Messung des Gleichwiderstandes der einzelnen Ständerwicklungen brachte die in Zahlentafel 5 aufgeführten Werte. Aus diesen

Zahlentafel 5.

Gleichwiderstand der primären Wicklungen.

Wicklung	Strang	U Volt	J Amp.	r_1 Ohm	r_1 Mittelwert	r_1 Gesamtmittel
I	I	9,64 10,40 12,27	18,90 19,85 23,75	0,510 0,525 0,539	0,525	0,512
	II	9,48 10,65 12,18	19,25 21,05 24,20	0,493 0,506 0,525	0,508	
	III	9,52 11,73 12,22	19,25 21,20 24,00	0,495 0,507 0,510	0,504	
II	I	1,83 2,32 3,13	19,10 23,40 32,25	0,096 0,099 0,097	0,097	0,098
	II	1,87 2,35 3,18	18,90 23,95 32,20	0,099 0,098 0,099	0,099	
	III	1,86 2,33 3,18	18,90 23,90 32,15	0,098 0,098 0,099	0,098	
III	I	4,88 6,28 4,04	20,00 25,04 16,50	0,244 0,250 0,245	0,246	0,239
	II	3,95 4,84 6,27	16,51 19,70 24,85	0,239 0,246 0,252	0,246	
	III	4,52 5,87 3,77	20,03 25,85 16,70	0,225 0,227 0,226	0,226	

ergeben sich für die Konstruktion der Diagramme folgende Widerstände:

vierpolige Wicklung 14 Leiter pro Nut: $r_1 = 0{,}512 + 0{,}098 = 0{,}610\ \Omega$,

„ „ 16 „ „ „ $r_1 = 0{,}512\ \Omega$,

„ „ 18 „ „ „ $r_1 = 0{,}512 + 0{,}098 = 0{,}610\ \Omega$,

zweipolige „ $r_1 = 0{,}239\ \Omega$.

Die nun noch erforderliche Kurzschlußmessung ergab die in Zahlentafel 6 enthaltenen Werte. Eine Zusammenstellung der für die Konstruktion der Diagramme erforderlichen Werte ist in Zahlentafel 7 erfolgt.

Zahlentafel 6.

Strom und Phasenwinkel bei Kurzschluß.

Wicklung	Strang	U Volt	J Amp.	N Watt	$\cos\varphi$	$\cos\varphi$ Gesamt-mittel	y_k Siemens	y_k Gesamt-mittel
4-pol. Wicklung 14 Leiter pro Nut	I	26,6	16,0	242,5	0,570	0,594	0,602	0,591
		29,5	17,4	304,0	0,592		0,590	
	II	26,7	15,8	254,0	0,602		0,592	
		29,6	17,2	315,0	0,618		0,582	
	III	27,0	15,9	251,0	0,585		0,590	
		30,0	17,7	317,0	0,597		0,590	
4-pol. Wicklung 16 Leiter pro Nut	I	28,8	14,5	193,5	0,464	0,475	0,504	0,500
		27,7	13,8	177,0	0,466		0,503	
	II	28,8	14,3	197,5	0,480		0,497	
		27,5	13,5	185,0	0,498		0,492	
	III	29,0	14,5	199,0	0,473		0,501	
		28,0	13,8	181,5	0,470		0,493	
4-pol. Wicklung 18 Leiter pro Nut	I	31,2	12,6	176,0	0,448	0,462	0,404	0,401
		35,6	14,3	233,5	0,459		0,402	
	II	31,1	12,3	182,0	0,475		0,396	
		34,8	14,0	234,0	0,480		0,402	
	III	31,6	12,7	183,0	0,456		0,402	
		36,0	14,2	232,0	0,454		0,396	
2-pol. Wicklung 5 Leiter pro Nut	I	20,9	15,2	272,0	0,855	0,861	0,727	0,719
		19,9	14,1	244,0	0,869		0,708	
	II	20,8	15,1	269,0	0,857		0,727	
		20,2	14,1	246,5	0,865		0,700	
	III	20,7	15,3	272,0	0,858		0,740	
		20,2	14,3	248,5	0,860		0,708	

Zahlentafel 7.

Zusammenstellung.

Wicklung	z_0	r_1	σ	$\cos\varphi_k$
4-pol. Wicklung mit 14 Leitern pro Nut	14,83	0,610	0,0908	0,594
4- „ „ „ 16 „ „ „	19,33	0,512	0,0867	0,475
4- „ „ „ 18 „ „ „	24,25	0,610	0,0864	0,462
2-pol. Wicklung	7,70	0,239	0,0771	0,861

Die mit Hilfe der Zahlentafel 7 gezeichneten Diagramme sind in den Abb. 13 bis 16 enthalten. Es zeigt

Abb. 13 das Diagramm der vierpoligen Wicklung mit 14 Leitern pro Nut,
„ 14 „ „ „ „ „ „ 16 „ „ „
„ 15 „ „ „ „ „ „ 18 „ „ „
„ 16 „ „ „ zweipoligen Wicklung.

Die Diagramme sind in erster Linie als Impedanzdiagramme aufzufassen, da sie dazu dienen, die durch Gl. 19 geforderten vekto-

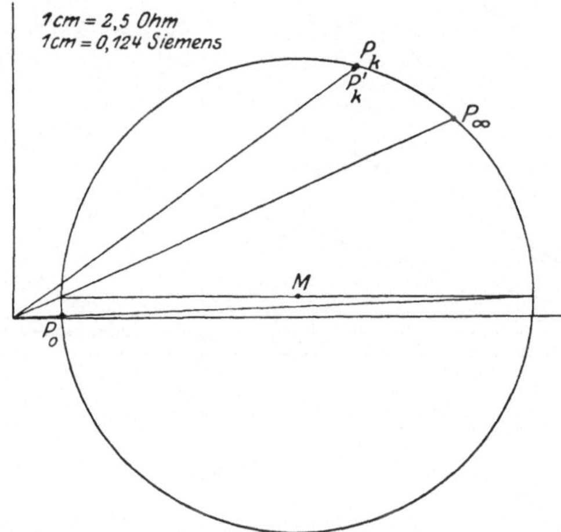

Abb. 13. Diagramm der Betriebswicklung mit 14 Leitern pro Nut.

riellen Additionen auszuführen. Deswegen ist auch der Impedanzmaßstab bei allen Diagrammen derselbe.

Daneben werden sie aber auch als Leitwert- bzw. Stromdiagramme

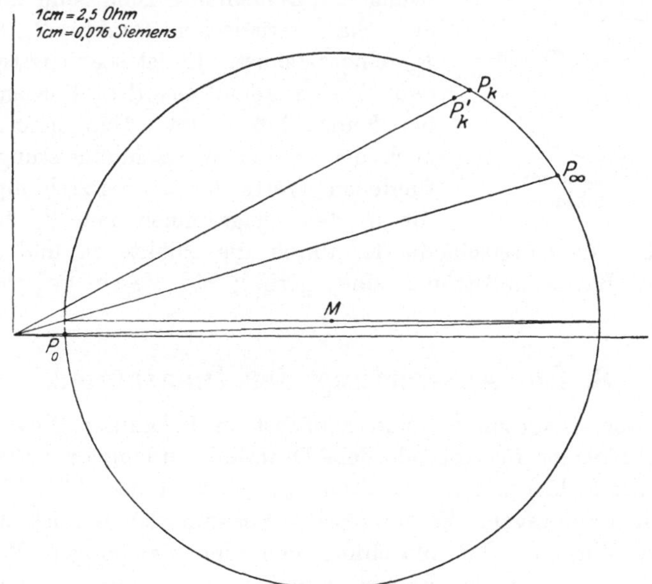

Abb. 14. Diagramm der Betriebswicklung mit 16 Leitern pro Nut.

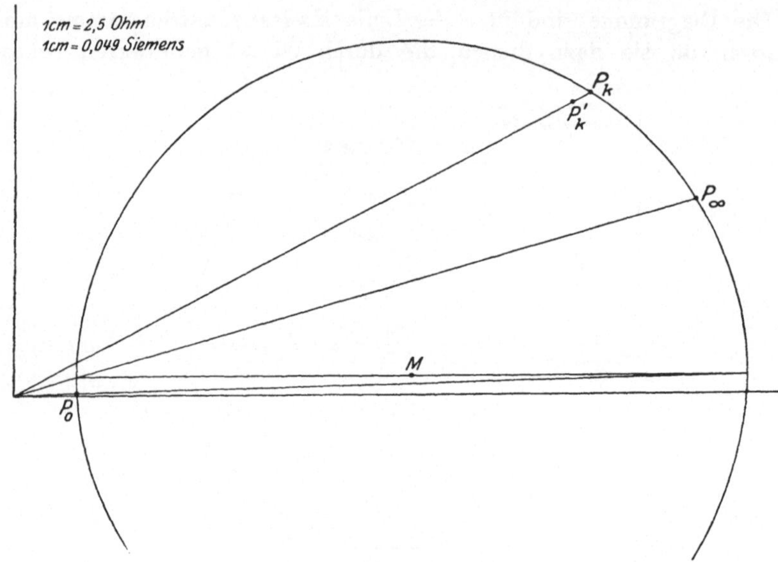

Abb. 15. Diagramm der Betriebswicklung mit 18 Leitern pro Nut.

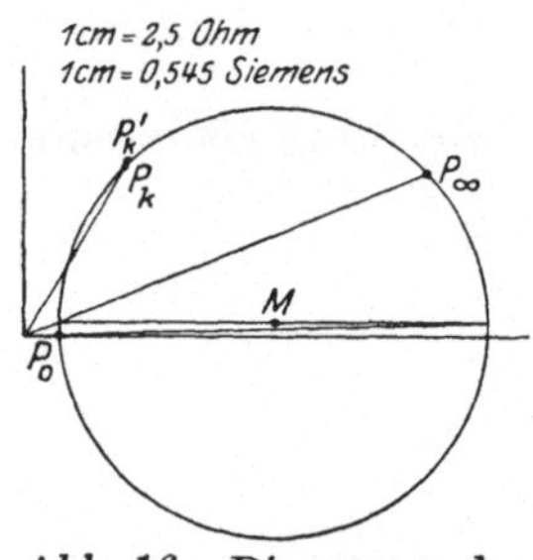

Abb. 16. Diagramm der Anlaufwicklung.

benutzt, um in bekannter Weise Strom und Drehmoment für die einzelnen Wicklungen als Funktion der Drehzahl zu bestimmen. Dementsprechend sind auch die drei charakteristischen Punkte P_0, P_k und P_∞ eingezeichnet. Es ist schon festgestellt, daß P_k sich allein aus dem Phasenwinkel bei Kurzschluß ergibt. Nun liefern aber auch die bei den Kurzschlußmessungen gefundenen Werte für z_k Kurzschlußpunkte, die in den Diagrammen mit P_k' bezeichnet sind. Die Unterschiede der durch die Punkte P_k und P_k' bestimmten Kurzschlußströme sind gering; sie liegen zwischen 1,2 und 3,3$^0/_0$.

8. Die Auswertung der Diagramme.

Aus den Diagrammen sind zunächst in bekannter Weise Strom und Drehmoment für veränderliche Drehzahl entnommen. Die Werte sind in der Zahlentafel 8 enthalten. Sie sind in den Abb. 17 bis 20 graphisch aufgetragen. Es interessiert uns nur der Bereich der motorischen Wirkung der Maschine, von der zweipoligen Wicklung eigentlich auch nur der Bereich von $n = 0$ bis $n = 1500$ Uml/min, doch sind von dieser Wicklung auch noch die übrigen Werte des

Zahlentafel 8.

Drehmoment und Strom aus den Diagrammen Abb. 13 bis 16 entnommen.

Drehzahl n	4-pol. Wicklung 14 Leiter pro Nut $U = 106{,}25$ Volt		4-pol. Wicklung 16 Leiter pro Nut $U = 121$ Volt		4-pol. Wicklung 18 Leiter pro Nut $U = 135{,}5$ Volt		2-pol. Wicklung 5 Leiter pro Nut $U = 43{,}8$ Volt	
	J_{Amp}	M_{mkg}	J_{Amp}	M_{mkg}	J_{Amp}	M_{mkg}	J_{Amp}	M_{mkg}
0	63,70	3,12	62,20	3,22	57,10	3,19	30,40	0,92
150	62,60	3,34	61,25	3,49	56,40	3,47	29,25	0,90
300	61,40	3,60	60,35	3,76	55,60	3,80	28,20	0,88
450	59,80	3,92	58,95	4,13	54,50	4,17	27,15	0,85
600	57,65	4,25	57,25	4,54	53,00	4,60	25,90	0,83
750	54,75	4,62	54,85	5,00	50,90	5,08	24,90	0,80
900	50,75	4,95	51,15	5,47	47,80	5,59	23,50	0,77
1050	44,90	5,16	46,00	5,80	43,00	6,03	22,20	0,74
1200	35,70	4,92	37,30	5,66	35,00	5,98	20,90	0,70
1350	21,55	3,48	23,25	4,25	21,95	4,52	19,50	0,66
1425	12,60	1,99	13,75	2,01	12,75	2,68	18,85	0,64
1500	7,16	0,00	6,25	0,00	5,54	0,00	18,10	0,62
1650	—	—	—	—	—	—	16,70	0,57
1800	—	—	—	—	—	—	15,35	0,53
1950	—	—	—	—	—	—	13,80	0,47
2100	—	—	—	—	—	—	12,35	0,42
2250	—	—	—	—	—	—	11,05	0,36
2400	—	—	—	—	—	—	9,40	0,29
2550	—	—	—	—	—	—	8,10	0,23
2700	—	—	—	—	—	—	6,90	0,15
2850	—	—	—	—	—	—	6,10	0,08
3000	—	—	—	—	—	—	5,75	0,00

motorischen Bereichs (von $n = 1500$ bis $n = 3000$) aufgetragen. Um die Gesamtimpedanzen bei Reihenschaltung zu ermitteln, sind dann

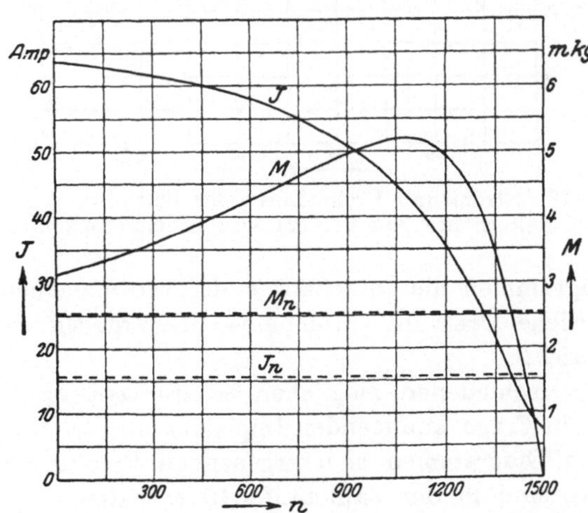

Abb. 17. Strom und Drehmoment der Betriebswicklung mit 14 Leitern pro Nut bei 106,25 Volt Klemmenspannung.

Zahlentafel 9.

Impedanzen der einzelnen Wicklungen (für veränderliche Drehzahl).

Drehzahl n	4-pol. Wicklung 14 Leiter pro Nut		4-pol. Wicklung 16 Leiter pro Nut		4-pol. Wicklung 18 Leiter pro Nut		2-pol. Wicklung 5 Leiter pro Nut	
	⅄	△	⅄	△	⅄	△	⅄	△
0	1,67	0,56	1,95	0,65	2,37	0,79	1,44	—
150	1,70	0,57	1,98	0,66	2,40	0,80	1,50	—
300	1,73	0,58	2,00	0,67	2,43	0,81	1,55	—
450	1,78	0,59	2,05	0,68	2,48	0,83	1,61	—
600	1,85	0,62	2,11	0,70	2,57	0,86	1,69	—
750	1,94	0,65	2,21	0,74	2,66	0,89	1,76	—
900	2,10	0,70	2,37	0,79	2,83	0,94	1,86	—
1050	2,37	0,79	2,63	0,88	3,15	1,05	1,97	—
1200	2,98	0,99	3,24	1,08	3,87	1,29	2,10	—
1350	4,93	1,64	5,20	1,73	6,16	2,05	2,24	—
1425	8,44	2,81	8,80	2,93	10,60	3,53	2,32	—
1500	14,84	4,95	19,35	6,45	24,25	8,08	2,42	—

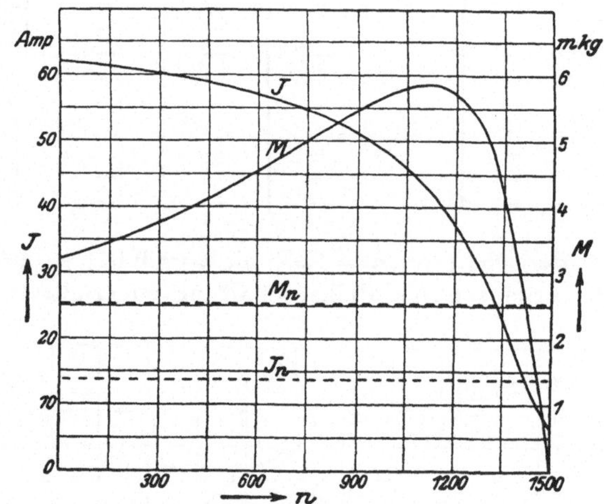

Abb. 18. Strom und Drehmoment der Betriebswicklung mit 16 Leitern pro Nut bei 121 Volt Klemmenspannung.

aus den Diagrammen die Impedanzen der verschiedenen Wicklungen für veränderliche Drehzahl entnommen. Es ergeben sich die Werte der Zahlentafel 9.

Für die verschiedenen möglichen Schaltungen (vgl. Zahlentafel 1) sind nun die in Frage kommenden Impedanzen unter Berücksichtigung ihrer aus den Diagrammen sich ergebenden Richtung addiert. Die Summenwerte sind in der Zahlentafel 10 enthalten.

Aus Spannung und Impedanz erhält man nun ohne weiteres den Verlauf des Stromes während des Anlaufs der Maschine. Die hierfür

Zahlentafel 10.

Impedanzen der Reihenschaltungen
(für veränderliche Drehzahl).

Drehzahl n	Schaltung 1	2	3	4	5	6
0	3,66	3,27	3,06	2,15	2,03	1,97
150	3,77	3,36	3,14	2,23	2,10	2,04
300	3,85	3,44	3,23	2,29	2,16	2,10
450	3,97	3,55	3,33	2,37	2,23	2,17
600	4,13	3,70	3,49	2,48	2,34	2,28
750	4,33	3,89	3,67	2,59	2,45	2,39
900	4,61	4,17	3,93	2,76	2,62	2,55
1050	5,07	4,56	4,32	2,99	2,83	2,75
1200	5,95	5,32	5,08	3,35	3,17	3,09
1350	8,39	7,42	7,17	4,28	3,96	3,88
1425	12,93	11,13	10,77	5,87	5,11	5,15
1500	25,97	21,10	16,87	9,85	8,31	7,07

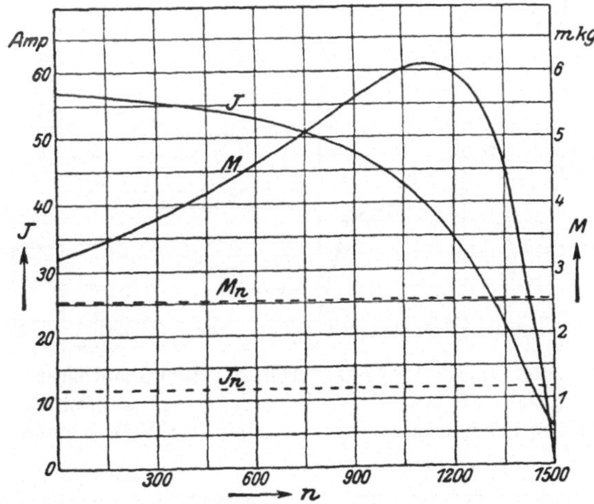

Abb. 19. Strom und Drehmoment der Betriebswicklung mit 18 Leitern pro Nut bei 135,5 Volt Klemmenspannung.

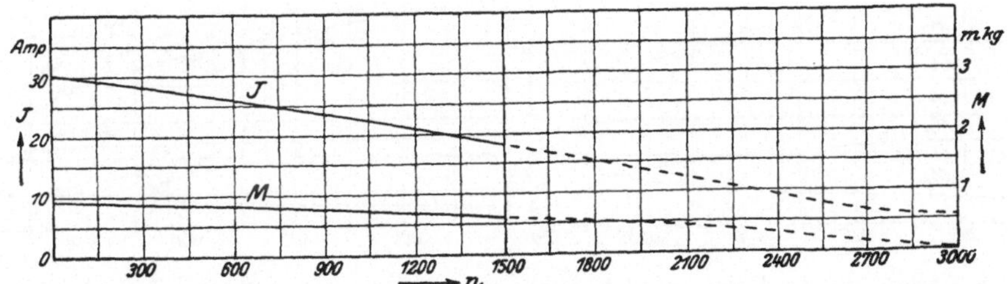

Abb. 20. Strom und Drehmoment der Anlaufwicklung bei 43,8 Volt Klemmenspannung.

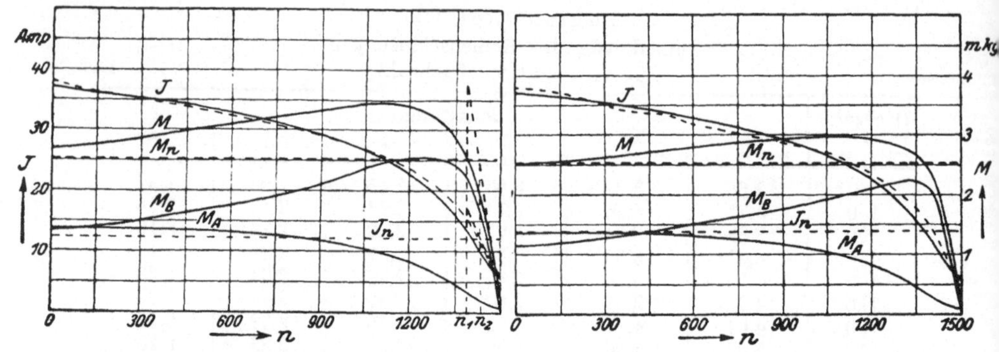

Abb. 21. Strom und Drehmoment der Schaltung 1 (vgl. Zahlentafel 1, Seite 290) bei 135,5 Volt Klemmenspannung.

Abb. 22. Strom und Drehmoment der Schaltung 2 (vgl. Zahlentafel 1, Seite 290) bei 12 1 Volt Klemmenspannung.

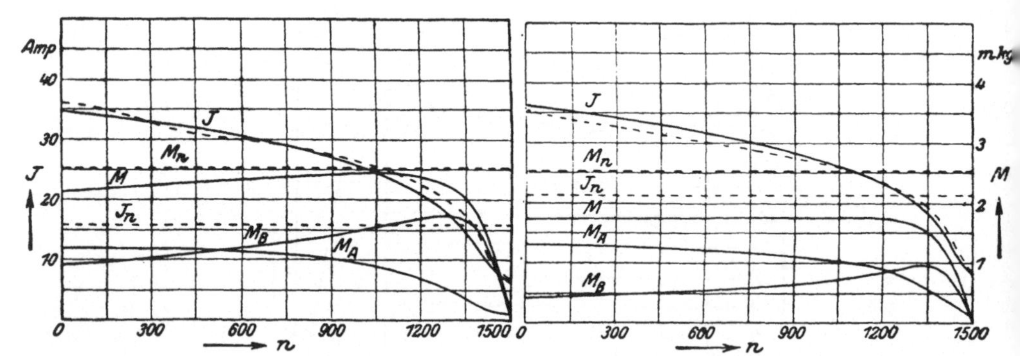

Abb. 23. Strom und Drehmoment der Schaltung 3 (vgl. Zahlentafel 1, Seite 290) bei 106,25 Volt Klemmenspannung.

Abb. 24. Strom und Drehmoment der Schaltung 4 (vgl. Zahlentafel 1, Seite 290) bei 78,3 Volt Klemmenspannung.

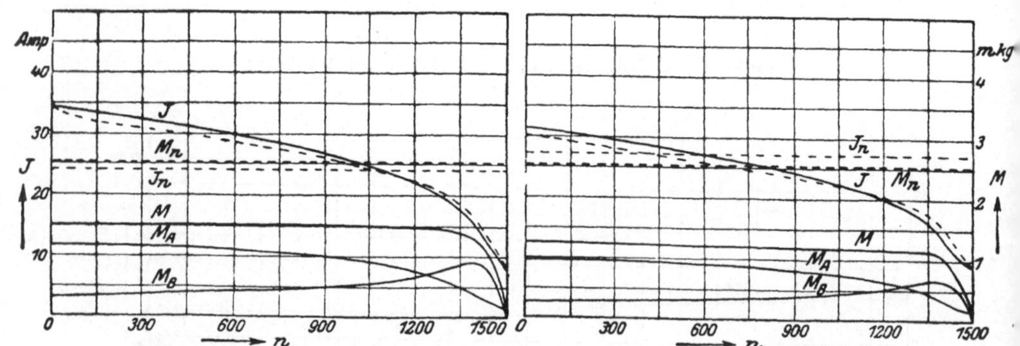

Abb. 25. Strom und Drehmoment der Schaltung 5 (vgl. Zahlentafel 1, Seite 290) bei 69,9 Volt Klemmenspannung.

Abb. 26. Strom und Drehmoment der Schaltung 6 (vgl. Zahlentafel 1, Seite 290) bei 41,4 Volt Klemmenspannung.

Zahlentafel 11.

Ströme bei den Reihenschaltungen
(für veränderliche Drehzahl).

Drehzahl n	Schaltung 1 $U=135{,}5$ V	2 $U=121$ V	3 $U=106{,}25$ V	4 $U=78{,}3$ V	5 $U=69{,}9$ V	6 $U=61{,}4$ V
0	37,10	37,00	34,80	36,40	34,40	31,20
150	36,00	36,00	33,80	35,10	33,30	30,20
300	35,20	35,20	32,95	34,20	32,40	29,20
450	34,20	34,10	31,90	33,00	31,30	28,20
600	32,90	32,70	30,45	31,50	29,90	26,90
750	31,35	31,10	28,95	30,20	28,50	25,70
900	29,40	29,05	27,00	28,40	26,70	24,05
1050	26,75	26,55	24,60	26,10	24,70	22,30
1200	22,80	22,75	20,90	23,40	22,00	19,85
1350	16,15	16,32	14,80	18,30	17,65	16,20
1425	10,48	10,87	9,88	13,35	13,65	11,90
1500	5,23	5,74	6,31	7,95	8,40	8,70

errechneten Werte enthält die Zahlentafel 11; sie sind außerdem in den Abb. 21 bis 26 graphisch aufgetragen.

Wir betrachten nun, wie sich die Spannung U_1 während des Anlaufs auf die beiden in Reihe geschalteten Wicklungen verteilt. Wir brauchen dazu nur das Produkt des Stromes und der Einzelimpedanzen zu bilden. Die sich ergebenden Werte enthält die Zahlentafel 12. In den Abb. 27 bis 32 sind die Spannungen an Anlauf- und Betriebswicklung in Hundertstel der Gesamtspannung aufgetragen. Diese Darstellungen sind sehr lehrreich, sie zeigen, wie die Spannung an der Anlaufwicklung gegen Schluß der Anlaufzeit immer mehr

Zahlentafel 12.

Spannungen an der Anlauf- und Betriebswicklung bei den Reihenschaltungen.
(für veränderliche Drehzahl).

Drehzahl n	Schaltung 1 U_B	1 U_A	2 U_B	2 U_A	3 U_B	3 U_A	4 U_B	4 U_A	5 U_B	5 U_A	6 U_B	6 U_A
0	87,93	53,42	72,15	53,28	58,12	50,11	28,76	52,42	22,35	49,54	17,47	44,93
150	86,40	54,00	71,10	54,00	57,46	50,70	28,08	52,65	21,98	49,95	17,21	45,30
300	85,54	54,56	70,40	54,56	57,00	51,07	27,70	53,01	21,71	50,22	16,94	45,36
450	84,82	55,06	69,91	54,90	56,79	51,37	27,39	53,13	21,28	50,39	16,64	45,40
600	83,90	55,60	69,00	55,26	56,33	51,46	27,08	53,24	20,93	50,53	16,68	45,46
750	83,39	55,18	68,73	54,74	56,16	50,95	26,88	53,15	21,09	50,16	16,71	45,23
900	83,20	54,68	68,85	54,03	56,70	50,22	26,70	52,82	21,09	49,66	16,84	44,73
1050	84,26	52,70	69,83	52,30	58,30	48,46	27,41	51,42	21,75	48,67	17,62	43,93
1200	88,24	47,88	73,71	47,78	62,28	43,89	30,19	49,14	23,76	46,20	19,65	41,69
1350	99,48	36,18	84,86	36,56	72,96	33,15	37,52	40,99	30,53	39,54	26,57	36,29
1425	111,09	24,31	95,66	25,23	83,39	22,92	47,13	30,97	39,99	31,67	33,44	27,61
1500	126,83	12,66	111,07	13,89	93,64	15,27	64,24	19,24	54,18	20,33	43,07	21,05

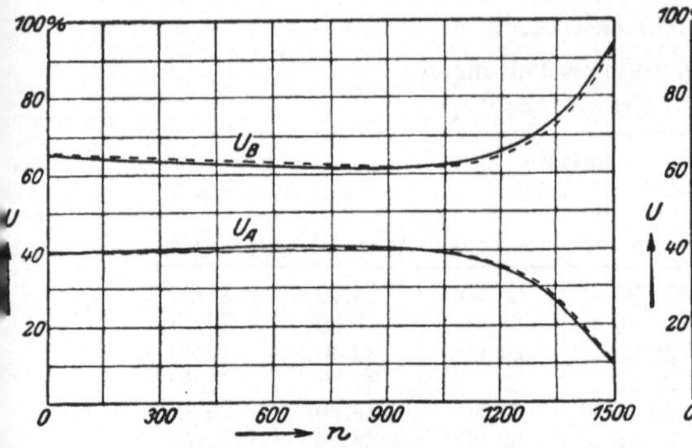

Abb. 27. Teilspannungen der Anlauf- und Betriebswicklung in Hundertstel der Gesamtspannung bei Schaltung 1 (vgl. Zahlentafel 1, Seite 290).

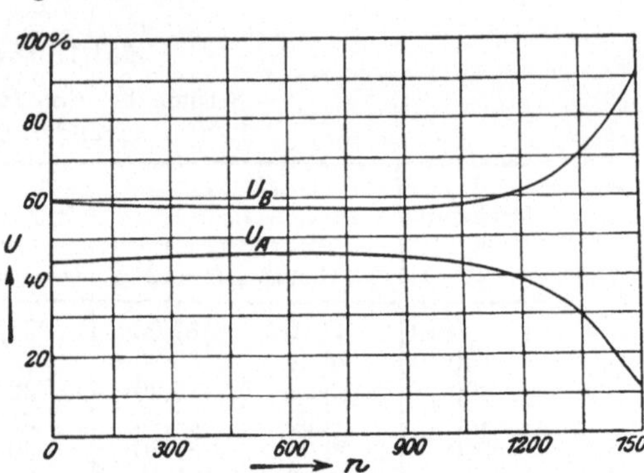

Abb. 28. Teilspannungen der Anlauf- und Betriebswicklung in Hundertstel der Gesamtspannung bei Schaltung 2 (vgl. Zahlentafel 1, Seite 290).

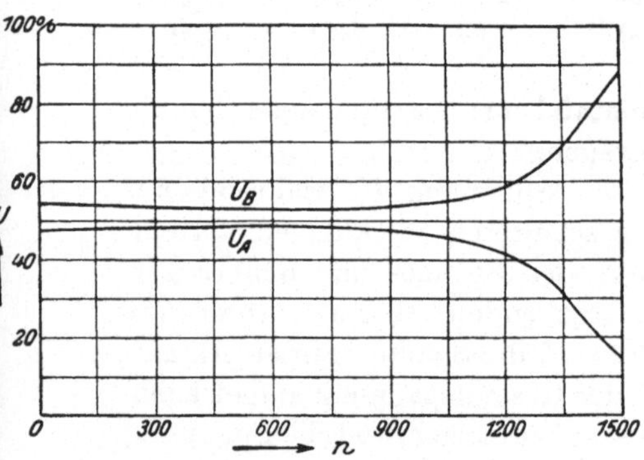

Abb. 29. Teilspannungen der Anlauf- und Betriebswicklung in Hundertstel der Gesamtspannung bei Schaltung 3 (vgl. Zahlentafel 1, Seite 290).

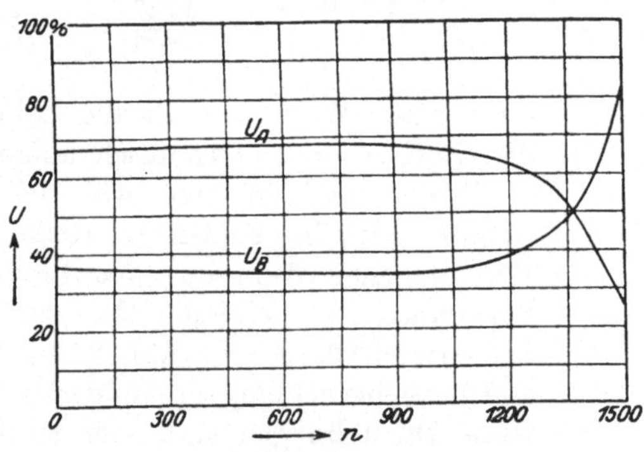

Abb. 30. Teilspannungen der Anlauf- und Betriebswicklung in Hundertstel der Gesamtspannung bei Schaltung 4 (vgl. Zahlentafel 1, Seite 290).

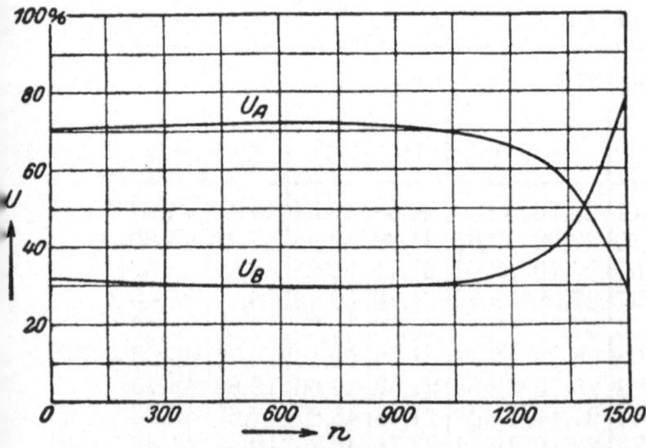

Abb. 31. Teilspannungen der Anlauf- und Betriebswicklung in Hundertstel der Gesamtspannung bei Schaltung 5 (vgl. Zahlentafel 1, Seite 290).

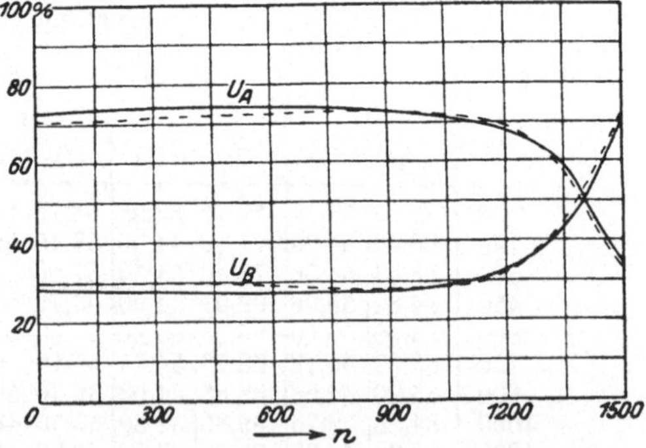

Abb. 32. Teilspannungen der Anlauf- und Betriebswicklung in Hundertstel der Gesamtspannung bei Schaltung 6 (vgl. Zahlentafel 1, Seite 290).

zurückgeht, während zu gleicher Zeit die Spannung an der Betriebswicklung anwächst und nach Beendigung des Anlaufs der Gesamtspannung ziemlich nahe kommt. Es tritt also beim Kurzschließen der Anlaufwicklung nach dem Hochlaufen der Maschine kein erheb-

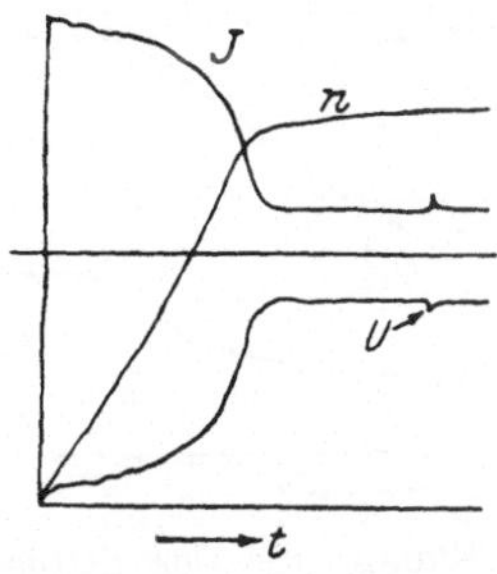

Abb. 33. Einhüllende des Stromes und Drehzahl der Schaltung 1 (vgl. Zahlentafel 1, Seite 290) während des Anlaufs und beim Kurzschließen der Anlaufwicklung bei 135,5 Volt Klemmenspannung nach Oszillogramm.

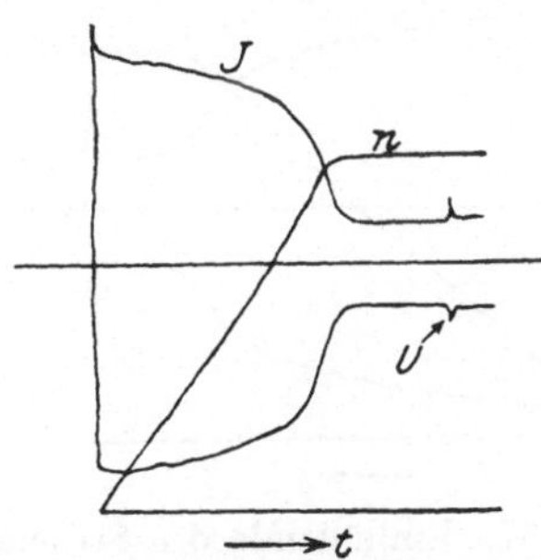

Abb. 34. Einhüllende des Stromes und Drehzahl der Schaltung 2 (vgl. Zahlentafel 1, Seite 290) während des Anlaufs und beim Kurzschließen der Anlaufwicklung bei 121 Volt Klemmenspannung nach Oszillogramm.

licher Spannungssprung an der Betriebswicklung ein. Infolgedessen ist auch der beim Kurzschließen der Anlaufwicklung auftretende Stromstoß nur ganz minimal; er bleibt stets innerhalb der Grenzen des Einschaltstromes, während bei der Stern-Dreieck-Umschaltung

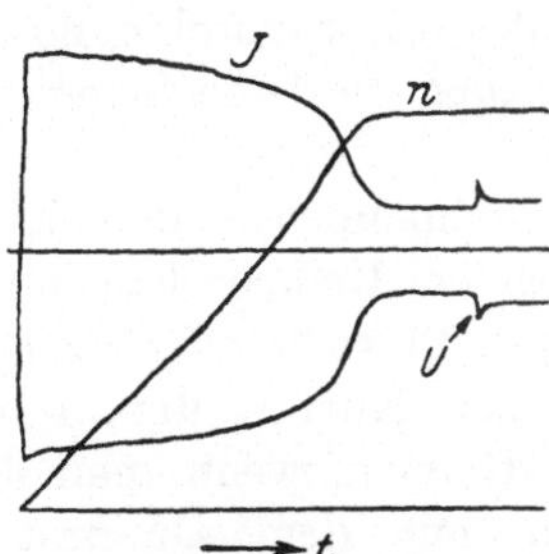

Abb. 35. Einhüllende des Stromes und Drehzahl der Schaltung 3 (vgl. Zahlentafel 1, Seite 290) während des Anlaufs und beim Kurzschließen der Anlaufwicklung bei 106,25 Volt Klemmenspannung nach Oszillogramm.

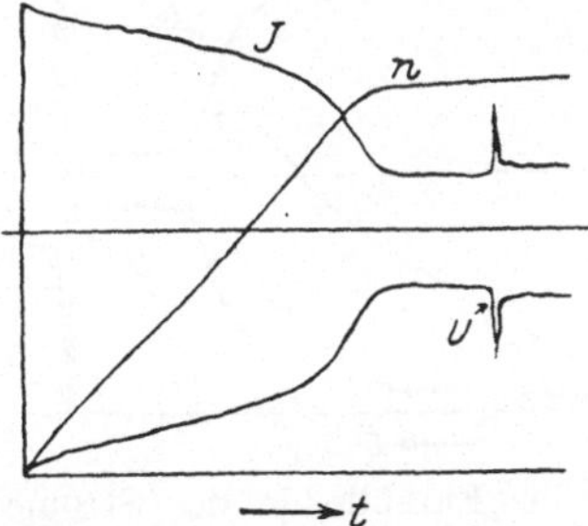

Abb. 36. Einhüllende des Stromes und Drehzahl der Schaltung 4 (vgl. Zahlentafel 1, Seite 290) während des Anlaufs und beim Kurzschließen der Anlaufwicklung bei 78,3 Volt Klemmenspannung nach Oszillogramm.

diese Grenze meistens erheblich überschritten wird. Dies zeigt sich deutlich bei oszillographischer Aufnahme des Stromes während des Umschaltvorganges. Die Abb. 33 bis 38 geben die Umhüllenden von oszillographisch aufgenommenen Stromkurven, sowie die Drehzahlkurven während und nach dem Anlauf wieder. An der Stelle U ist das Kurzschließen der Anlaufwicklung erfolgt. Die Abb. 39 dagegen zeigt die Verhältnisse beim Anlaufen und Umschalten, wie sie bei

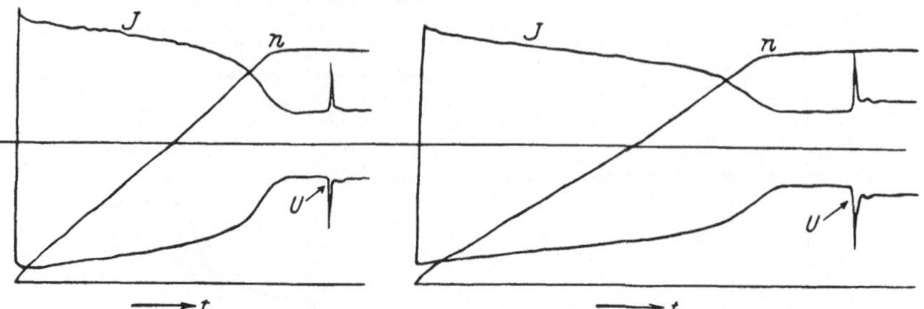

Abb. 37. Einhüllende des Stromes und Drehzahl der Schaltung 5 (vgl. Zahlentafel 1, Seite 290) während des Anlaufs und beim Kurzschließen der Anlaufwicklung bei 69,9 Volt Klemmenspanuung nach Oszillogramm.

Abb. 38. Einhüllende des Stromes und Drehzahl der Schaltung 6 (vgl. Zahlentafel 1, Seite 290) während des Anlaufs und beim Kurzschließen der Anlaufwicklung bei 61,4 Volt Klemmenspannung nach Oszillogramm.

der Stern-Dreieck-Umschaltung auftreten. Die Aufnahme ist mit der Betriebswicklung I (16 Leiter pro Nut) erfolgt. An der Stelle U erfolgte die Umschaltung von Stern auf Dreieck. Die Umschaltung hat bekanntlich den Nachteil, daß für kurze Zeit die Maschine vom Netz abgetrennt wird, wodurch dann beim Wiederanlegen die hohe Stromspitze entsteht.

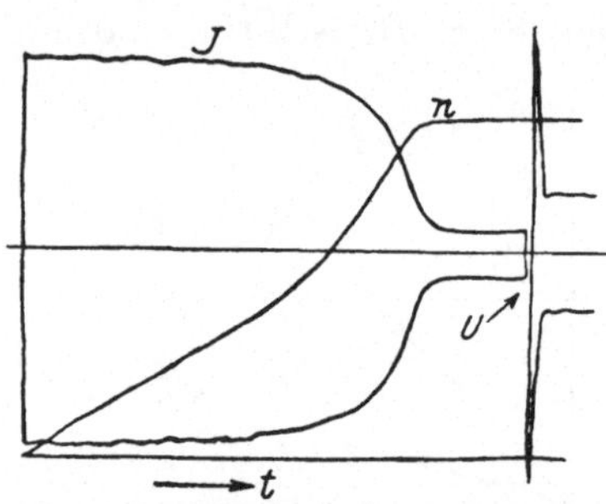

Abb. 39. Einhüllende des Stromes und Drehzahl der vierpoligen Wicklung mit 16 Leitern pro Nut bei Stern-Dreieck-Anlauf und 121 Volt Klemmenspannung nach Oszillogramm.

Die Drehmomente der Einzelwicklungen bei Reihenschaltung von Anlauf- und Betriebswicklung lassen sich aus den Kurven der Abb. 17 bis 20 bestimmen, wenn man deren Ordinaten mit dem Quadrat der Verhältnisse $\frac{U_{1A}}{U_1}$ und $\frac{U_{1B}}{U_1}$ multipliziert. Das resultierende Moment ergibt sich als Summe der Einzelmomente. Auf diese Weise sind die in der Zahlentafel 13 enthaltenen Werte ermittelt. Die Abb. 21 bis 26 enthalten die graphische Darstellung dieser Drehmomentkurven.

Angenähert lassen sich Strom und Drehmomente auch ohne Zuhilfenahme der Diagramme ermitteln, wenn man den Magnetisierungsstrom vernachlässigt. In diesem Falle werden die Reaktanzen x_{11},

Zahlentafel 13.

Drehmomente bei den Reihenschaltungen (für veränderliche Drehzahl).

Drehzahl	Schaltung 1			2			3			4			5			6		
n	M_A	M_B	M	M_A	M_B	M	M_A	M_B	M	M_A	M_B	M	M_A	M_B	M	M_A	M_B	M
0	1,36	1,34	2,70	1,36	1,14	2,50	1,20	0,93	2,13	1,32	0.43	1,75	1,18	0,32	1,50	0,97	0,25	1,22
150	1,36	1,41	2,75	1,36	1 20	2,56	1,20	0,98	2,18	1,30	0,45	1,75	1,17	0,34	1,51	0,96	0,26	1,22
300	1,36	1,51	2,87	1,36	1,27	2,63	1,20	1,03	2,23	1,28	0,47	1,75	1,15	0,37	1,52	0,94	0,27	1,21
450	1,35	1,63	2,98	1,34	1,37	2,71	1,18	1,12	2,29	1,26	0,50	1,76	1,13	0,38	1,51	0,92	0,29	1,21
600	1,33	1,76	3,09	1,31	1,48	2,79	1,14	1,19	2,33	1,22	0,54	1,76	1,10	0,41	1,51	0,89	0,31	1,20
750	1,27	1,92	3,19	1,25	1,61	2,86	1,08	1,28	2,36	1,18	0,59	1,77	1,05	0,46	1,51	0,85	0,34	1,19
900	1,20	2,10	3,30	1,17	1,76	2,93	1,01	1,41	2,42	1,12	0,64	1,76	0,99	0,51	1,50	0,80	0,37	1,17
1050	1,06	2,37	3,43	1,04	1,93	2,97	0,90	1,55	2,45	1,01	0,71	1,72	0,91	0,58	1,49	0,74	0,42	1,16
1200	0,84	2,54	3,38	0,83	2,10	2,93	0,70	1,69	2,39	0,88	0,84	1,72	0,78	0,69	1,47	0,63	0,50	1,13
1350	0,45	2,43	2,88	0,46	2,22	2,68	0,38	1,64	2,02	0,57	0,97	1,54	0,53	0,86	1,39	0,45	0,65	1,10
1425	0,20	1,78	1,98	0,21	1,84	2,05	0,17	1,22	1,39	0,32	0,73	1,05	0,33	0,87	1,20	0,25	0,59	0,84
1500	0,052	0,00	0,052	0,062	0,00	0,062	0,075	0,00	0,075	0,119	0,00	0,119	0,132	0,00	0,132	0,142	0,00	0,142

Zahlentafel 14.

Zahlenwerte zum Vergleich der einzelnen Schaltungen.

Schaltung	Einschaltstrom J_a Amp.	Normalstrom J_n Amp.	Anlaufmoment M_a mkg	Normalmoment M_n mkg	$i = \frac{J_a}{J_n}$	$m = \frac{M_a}{M_n}$	$\frac{i}{m}$
1	37,10	12,30	2,70	2,52	3,02	1,07	2,82
2	37,00	13,85	2,50	2,52	2,67	0,99	2,70
3	34,80	15,60	2,13	2,52	2,23	0,84	2,66
4	36,40	21,30	1,75	2,52	1,71	0,70	2,44
5	34,40	24,00	1,50	2,52	1,43	0,60	2,38
6	31,20	27,00	1,22	2,52	1,15	0,48	2,40
1a [1])	33,00	12,30	1,16	2,52	2,58	0,46	5,84
2a [1])	35,90	13,85	1,17	2,52	2,59	0,46	5,63
3a [1])	36,70	15,60	1,04	2,52	2,35	0,41	5,75

[1]) Es bedeutet: Schaltung 1a den Stern-Dreieck-Anlauf der 4-pol. Wicklung mit 18 Leitern pro Nut.
„ 2a „ „ „ „ „ „ 16 „ „ „
„ 3a „ „ „ „ „ „ 14 „ „ „

x_{22} und x_{12} unendlich groß, während $x_{1\sigma}$ und $x_{2\sigma}$ endliche Werte behalten. Wir bestimmen für diesen Fall zunächst die Beziehung zwischen dem Primärstrom und der Spannung. Eine Grenzbetrachtung zeigt, daß dann die Gl. 22a und 22b übergehen in

$$U_{1A} = J_1 \left[\left(r_{1A} + \frac{r'_{2A}}{s_A}\right) - j\left(x_{1\sigma_A} + x'_{2\sigma_A}\right)\right], \tag{39a}$$

$$U_{1B} = J_1 \left[\left(r_{1B} + \frac{r'_{2B}}{s_B}\right) - j\left(x_{1\sigma_B} + x'_{2\sigma_B}\right)\right]. \tag{39b}$$

Daraus ergibt sich unter Beachtung der Gl. 21:

$$J_1 = \frac{U_1}{\left(r_{1A} + \frac{r'_{2A}}{s_A} + r_{1B} + \frac{r'_{2B}}{s_B}\right) - j\left(x_{1\sigma_A} + x'_{2\sigma_A} + x_{1\sigma_B} + x'_{2\sigma_B}\right)} \tag{40}$$

oder

$$J_1^2 = \frac{U_1^2}{\left(r_{1A} + \frac{r'_{2A}}{s_A} + r_{1B} + \frac{r'_{2B}}{s_B}\right)^2 + \left(x_{1\sigma_A} + x'_{2\sigma_A} + x_{1\sigma_B} + x'_{2\sigma_B}\right)^2}. \tag{41}$$

Die Größen r_{1A}, r'_{2A}, r_{1B}, r'_{2B} lassen sich aus den Ergebnissen der Kurzschlußmessung und der Messung der primären Widerstände einzeln ermitteln. Die Summen $(x_{1\sigma_A} + x'_{2\sigma_A})$ und $(x_{1\sigma_B} + x'_{2\sigma_B})$ ergeben sich aus dem Kurzschlußversuch. Die Drehmomente lassen sich dann, da bei Vernachlässigung des Magnetisierungsstromes der Primärstrom J_1 gleich dem auf den Primärteil umgerechneten Sekundärstrom J_2' ist, schreiben

$$M_A = \frac{1}{1{,}027\, n_{s_A}} 3\, J_1^2 \frac{r'_{2A}}{s_A} \text{ mkg}, \tag{42a}$$

$$M_B = \frac{1}{1{,}027\, n_{s_B}} 3\, J_1^2 \frac{r'_{2B}}{s_B} \text{ mkg}, \tag{42b}$$

$$M = M_A + M_B. \tag{43}$$

Aus den Abb. 21 bis 26 ersieht man, daß die Stromkurve um so weiter herabgedrückt wird, je größer das Verhältnis $\frac{w_{1A}}{w_{1B}}$ wird; allerdings geht damit auch das Drehmoment zurück. Beim Entwurf der Maschine hat man es nun in der Hand, das Verhältnis $\frac{w_{1A}}{w_{1B}}$ den gestellten Forderungen anzupassen. Wird besonderer Wert auf ein großes Anlaufmoment gelegt, so wird man das Verhältnis, wie es bei den Schaltungen 1 und 2 besteht, bevorzugen. Tritt dagegen die Größe des Drehmoments zurück gegenüber der Forderung nach geringem Anlaufstrom, so wird man das Verhältnis $\frac{w_{1A}}{w_{1B}}$ größer wählen, etwa wie bei den Schaltungen 4 bis 6.

Bei der Schaltung 1 (vgl. Abb. 21) verläuft das Drehmoment von $n = 0$ bis $n \approx 1400$ oberhalb des normalen Moments. Bei dieser Schaltung kann also der Motor unter vollem Lastmoment anlaufen. Er läuft dann hoch bis zur Drehzahl von etwa 1400. Wird nun die Anlaufwicklung kurzgeschlossen, so machen Strom und Drehmoment die in Abb. 21 durch gestrichelte Linien angedeuteten Sprünge, und der Motor beschleunigt sich, bis er seine normale Drehzahl bei vollem Lastmoment erreicht hat.

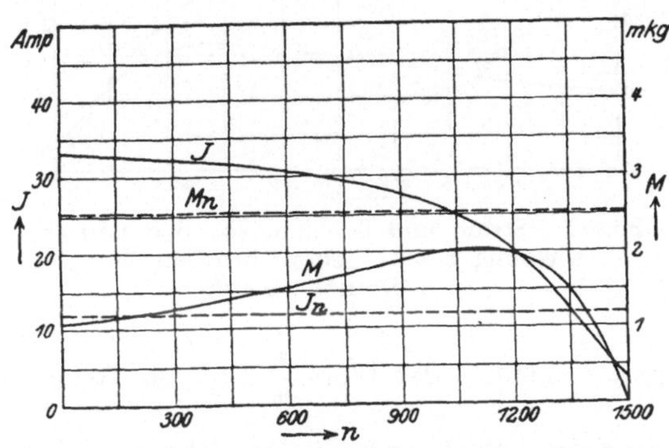

Abb. 40. Strom und Drehmoment der Betriebswicklung mit 18 Leitern pro Nut bei Stern-Dreieck-Anlauf.

Wir vergleichen nun die neue Anlaßmethode hinsichtlich des Anlaufstromes und des Anlaufmomentes mit der bekannten Stern-Dreieck-Schaltung. Zu diesem Zweck sind in den Abb. 40 bis 42 Strom und Drehmoment, die bei dieser Methode auftreten, aufgetragen. Zu vergleichen sind:

Abb. 40 mit Abb. 21,
Abb. 41 mit Abb. 22,
Abb. 42 mit Abb. 23.

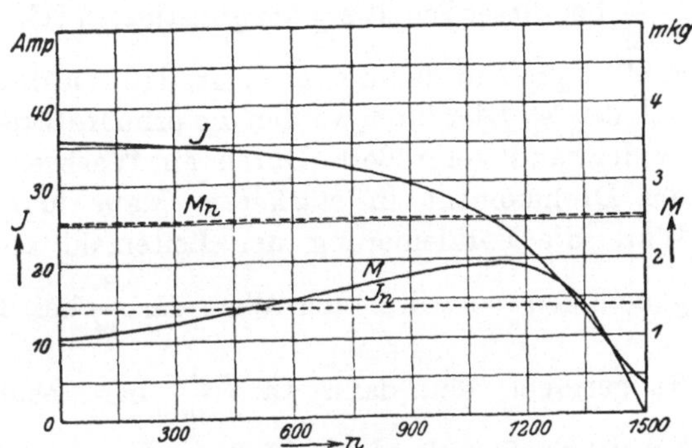

Abb. 41. Strom und Drehmoment der Betriebswicklung mit 16 Leitern pro Nut bei Stern-Dreieck-Anlauf.

Man erkennt, daß der Einschaltstrom bei beiden Anlaßmethoden nicht wesentlich voneinander abweicht, daß aber das Drehmoment beim Stern-Dreieck-Anlauf erheblich geringer ist als bei der neuen Methode.

Wir bilden, um einen zahlenmäßigen Vergleich der beiden Schaltmethoden zu gewinnen, noch die Verhältnisse $i = \frac{J_a}{J_n}$ und $m = \frac{M_a}{M_n}$, wobei J_a den Einschaltstrom, J_n den Normalstrom, M_a das Anlaufmoment und M_n das Normaldrehmoment bedeutet. Bildet man nun noch das Verhältnis $\frac{i}{m}$, so erhält man eine Zahl, die ein Maß für die Güte der Anlaufverhältnisse darstellt, und zwar liegen diese Verhältnisse um so günstiger, je kleiner der Wert $\frac{i}{m}$ ist. Die Rechnungsergebnisse sind in der Zahlentafel 14 enthalten. Man erkennt, daß das Verhältnis $\frac{i}{m}$ bei der neuen Methode wesentlich günstiger ist, als bei der Stern-Dreieck-Schaltung. Es fällt auf, daß für die Schaltung 5 der Wert für $\frac{i}{m}$ ein Minimum hat; das sagt jedoch nicht, daß das Windungsverhältnis $\frac{w_{1A}}{w_{1B}}$ bei dieser Schaltung am günstigsten sei. Bekanntlich ist die Leiterzahl 14 pro Nut dadurch erreicht, daß Wicklung II gegen Wicklung I geschaltet ist. Hierdurch werden die primäre Streureaktanz und der primäre Widerstand vergrößert. Durch ein Wachsen dieser Größen wird aber das Drehmoment in stärkerem Maße herabgesetzt als der Strom. Wäre die Verkleinerung der Leiterzahl auf natürliche Weise vorgenommen, so würde der Wert für $\frac{i}{m}$ bei den Schaltungen 3, 6 und 3a geringer sein; dann wäre $\frac{i}{m}$ bei Schaltung 6 kleiner als bei Schaltung 5 (vgl. Abschnitt 9).

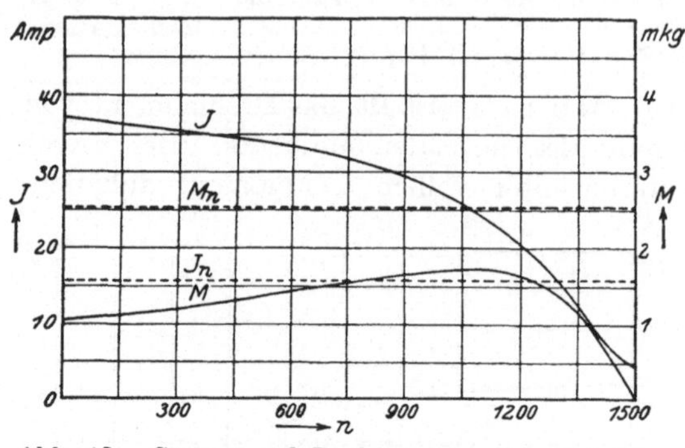

Abb. 42. Strom und Drehmoment der Betriebswicklung mit 14 Leitern pro Nut bei Stern-Dreieck-Anlauf.

Zum Schluß dieses Abschnittes sei noch für eine Schaltung (Schaltung 2) das Stromdiagramm für konstante Spannung gezeichnet (Abb. 43). Die Abbildung enthält zunächst punktiert gezeichnet die beiden Impedanzkreise der einzelnen in Reihe geschalteten Wicklungen. Durch Addition der zugehörigen Vektoren ergibt sich dann das ebenfalls punktiert gezeichnete Diagramm der Impedanz des ganzen Motors; es ist eine bizirkulare Quartik. Für die zur Drehzahl $n = 1500$ gehörigen Vektoren ist die Addition in der Abbildung angedeutet. Durch Inversion erhält man dann das Stromdiagramm (ausgezogen gezeichnet) für konstante Spannung, das wieder eine Quartik ist.

Die Abbildung enthält dann noch das Stromdiagramm für die Betriebswicklung allein (gestrichelt gezeichnet). Durch Vergleich der

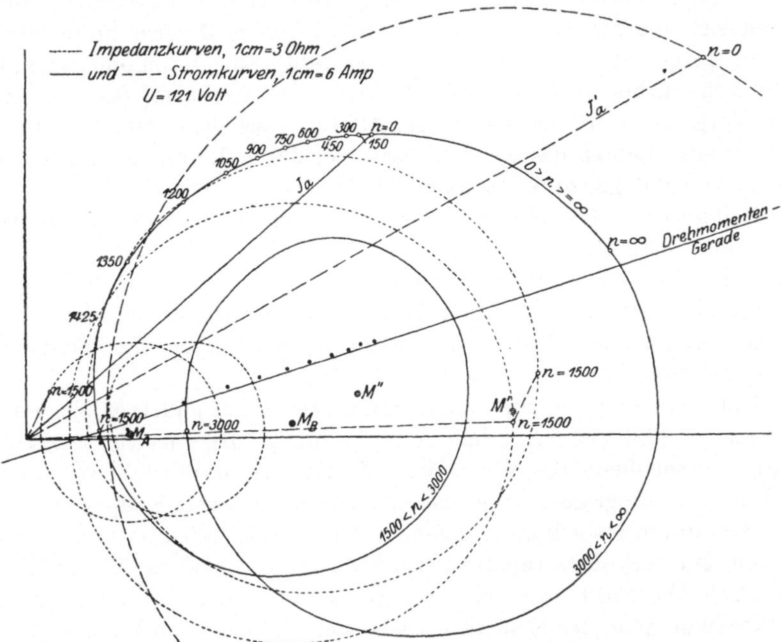

Abb. 43. Diagramm der Schaltung 2 (vgl. Zahlentafel 1, Seite 290).

beiden Stromdiagramme sieht man deutlich den Einfluß der Anlaufwicklung auf den Verlauf des Stromes während des Anlaufs. Die Einschaltströme (Kurzschlußströme) J_a und J_a' sind noch besonders eingezeichnet. J_a ist nicht nur dem absoluten Betrage nach kleiner als J_a', sondern auch in der Phase günstiger.

Da der zwischen den Drehzahlen 0 und 1500 liegende motorische Teil des Stromdiagramms sich durch einen Kreisbogen in guter Annäherung ersetzen läßt, liegt die Vermutung nahe, daß man aus ihm in ähnlicher Weise wie bei dem Kreisdiagramm des normalen Induktionsmotors auch das Drehmoment ablesen kann. Die Darstellung des Drehmoments überhaupt durch Strecken im Diagramm gründet sich auf die Tatsache, daß dieses der auf den Läufer übertragenen

Leistung proportional ist nach der allgemeinen Gleichung

$$M = \frac{1}{1{,}027 \cdot n_s} N_2 \text{ mkg}, \tag{44}$$

wo N_2 die gesamte auf den Läufer übertragene Leistung in Watt und n_s die synchrone Drehzahl der Maschine in Uml/min bedeutet. Dreyfus hat nun gezeigt[1]), daß N_2 angenähert stets durch die Ordinatendifferenzen zwischen dem Stromdiagramm und einer bestimmten Geraden (Drehmomentgeraden) dargestellt werden kann, wenn sich die Stromkurve in dem betrachteten Bereich hinreichend genau durch einen Kreisbogen ersetzen läßt. Die Drehmomentgerade läßt sich mithin auch in unserem Diagramm zeichnen. Dies ist nach dem Vorgange von Dreyfus in der Abb. 43 geschehen. Der Punkt M'' ist der Mittelpunkt des Ersatzkreises, der durch die Punkte für $n = 0$ und $n = 1500$ gelegt zu denken ist.

Bei unserer Maschine wird nun aber ein Teil von N_2 durch das zweipolige, der Rest durch das vierpolige Drehfeld übertragen; für beide ist die synchrone Drehzahl n_s verschieden. Da nun die Einzelanteile der Drehfelder an der Leistungsübertragung aus dem Diagramm nicht zu entnehmen sind, ist die Berechnung der Drehmomente nicht möglich.

Hat man dagegen die Einzeldrehmomente auf anderem Wege bestimmt, so läßt sich natürlich N_2 berechnen. Dies ist für das Diagramm geschehen; die Werte von N_2 für die einzelnen Drehzahlen sind in das Diagramm eingetragen und die unteren Endpunkte der Strecken durch fette Punkte gekennzeichnet. Sie fallen im großen und ganzen gut mit der Drehmomentgeraden zusammen, nur in der Nähe der Drehzahl 1500, wo der Krümmungsradius des Stromdiagramms stärker von dem des Ersatzkreises abweicht, fallen die Punkte etwas außerhalb der Geraden.

Auch der Versuch, über die abgegebene mechanische Leistung N_{2m} zu dem Drehmoment zu gelangen, schlägt fehl. Um die Leistungsgerade zeichnen zu können, ist die Kenntnis des auf den Ständer umgerechneten Läuferwiderstandes notwendig[2]). Dieser ist jedoch für das Diagramm nicht eindeutig, da sein Wert für die beiden Drehfelder verschieden ist.

9. Einfluß der Motorkonstanten auf das Drehmoment und den Strom.

Von wesentlicher Bedeutung ist nur der Einfluß der sekundären Widerstände, der Streuung und des Verhältnisses der Windungs-

[1]) Dreyfus: Arch. Elektrot., Bd. I, S. 124. — [2]) Dreyfus: a. a. O.

zahlen der Anlauf- und Betriebswicklung. Bei Änderung der sekundären Wirkwiderstände kann man entweder den wirklichen Widerstand r_2 ändern (Wahl eines anderen Drahtquerschnittes), oder man kann die reduzierten Widerstände r'_{2A} und r'_{2B} ändern, indem man die Wicklungsfaktoren ξ_{2A} und ξ_{2B} anders wählt.

Eine Änderung des wirklichen Widerstandes hat hier denselben Einfluß wie beim gewöhnlichen Drehstrommotor; mit wachsendem Widerstand wächst die Kippschlüpfung. Man kann an den Drehmomentkurven (Abb. 21 bis 26) erkennen, ob z. B. die Vergrößerung des Widerstandes r_2 die Gestalt der Kurve günstig oder ungünstig beeinflußt. Bei den Schaltungen 1 bis 3 würde offenbar eine Vergrößerung des Widerstandes günstig wirken, bei den Schaltungen 4 bis 6 dagegen nicht. Der Einschaltstrom wird in jedem Falle durch Vergrößern von r_2 verkleinert. Im allgemeinen hat man jedoch bei der Wahl von r_2 keinen weiten Spielraum. Um einen guten Wirkungsgrad im Betriebe zu erzielen, muß r'_{2B} klein sein; infolgedessen darf r_2 einen bestimmten Wert nicht überschreiten, der eben durch den geforderten Wirkungsgrad festgelegt ist.

Eine wesentliche Vergrößerung des Läuferwirkwiderstandes im Anlauf kann deshalb nur durch Verkleinern von ξ_{2A} erreicht werden. Hierdurch wird einmal das Kippmoment der Anlaufwicklung auf eine geringere Drehzahl verlegt und gleichzeitig die Impedanz der Anlaufwicklung vergrößert, so daß ein größerer Teil der Gesamtspannung an der Anlaufwicklung liegt. Dadurch wird erreicht, daß das Drehmoment der Anlaufwicklung einen größeren Einfluß auf die Gestalt der Kurve des gesamten Drehmoments ausübt. Eine Verkleinerung von ξ_{2A} hat natürlich dann keinen Wert mehr, wenn die Kippschlüpfung der Anlaufwicklung gleich 1 geworden ist.

Eine Änderung der Windungszahl w_{1A} bei festliegender Windungszahl w_{1B} wirkt grundsätzlich anders als eine Änderung von ξ_{2A}. Wird w_{1A} geändert, so ändert sich r'_{2A} und $x'_{2\sigma_A}$ in gleichem Maße, während bei einer Änderung von ξ_{2A} der Wert von r'_{2A} eine bedeutend stärkere Änderung erfährt als der Wert von $x'_{2\sigma_A}$. Dennoch kann, wenn einmal ξ_{2A} festliegt, durch Änderung von w_{1A} die Gestalt der Drehmomentkurve günstig beeinflußt werden. Je größer w_{1A} im Verhältnis zu w_{1B} ist, einen um so größeren Einfluß gewinnt die Momentkurve der Anlaufwicklung auf die Gestalt der Kurve des gesamten Drehmoments. In der Wahl von w_{1A} ist man nach oben begrenzt durch die Rücksicht auf eine gute Raumausnützung im Ständer für die Betriebswicklung.

Auf das Verhältnis des Einschaltstromes zum Anlaufmoment wirkt sowohl eine Verkleinerung von ξ_{2A} als auch eine Verkleinerung von

$\frac{w_{1B}}{w_{1A}}$ verkleinernd, da in beiden Fällen die Wirkkomponente des Stromes gegenüber der Blindkomponente zunimmt. Da auch eine Zunahme der Impedanz stattfindet, werden sowohl M als auch J für sich betrachtet kleiner. Hinsichtlich der Änderung von $\frac{w_{1B}}{w_{1A}}$ findet diese Tatsache eine einwandfreie Bestätigung durch die Kurven der Abbildungen 21 bis 26.

Wir betrachten nun, welchen Einfluß eine Änderung der Streureaktanz auf Strom und Drehmoment hat. Eine Vergrößerung der Streuung vergrößert die Blindkomponente des Stromes gegenüber der Wirkkomponente und vergrößert damit das Verhältnis von Einschaltstrom zu Anlaufmoment. Beide Größen für sich betrachtet werden durch Vergrößerung der Streuung verkleinert, weil die Impedanz zunimmt. Man wird beim Entwurf einer Maschine die Streuung unter allen Umständen klein zu halten suchen, da hiermit noch der Vorteil einer größeren Überlastbarkeit im Betriebe erhalten wird. Um dabei aber ein zu großes Anwachsen des Einschaltstromes zu verhindern, dient in erster Linie eine entsprechende Wahl des Wicklungsfaktors ξ_{2A} und des Verhältnisses $\frac{w_{1B}}{w_{1A}}$.

Der Magnetisierungsstrom, den wir bisher vernachlässigt haben, verschlechtert natürlich das Verhältnis $\frac{M}{J_1}$, da er nur zum Nenner J_1 einen Beitrag liefert.

10. Experimentelle Nachprüfung der Ergebnisse.

a) Verlauf des Stromes und der Teilspannungen.

Der Verlauf des Stromes während des Anlaufs wurde mit dem Oszillographen aufgenommen und gleichzeitig auch mit Hilfe einer

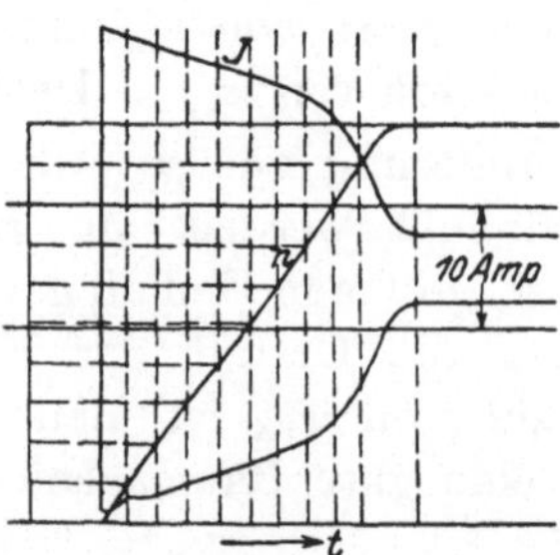

Abb. 44. Einhüllende des Stromes und Drehzahl der Schaltung 1 (vgl. Zahlentafel 1, Seite 290) nach Oszillogramm.

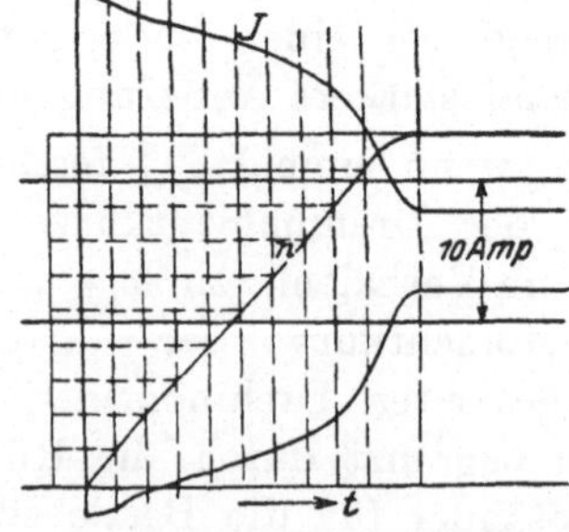

Abb. 45. Einhüllende des Stromes und Drehzahl der Schaltung 2 (vgl. Zahlentafel 1, Seite 290) nach Oszillogramm.

Tachometermaschine der Verlauf der Drehzahl. Aus beiden Kurven konnte der Strom als Funktion der Drehzahl ermittelt werden. Bei Aufnahme des Stromes erhält man natürlich nicht die Effektivwerte,

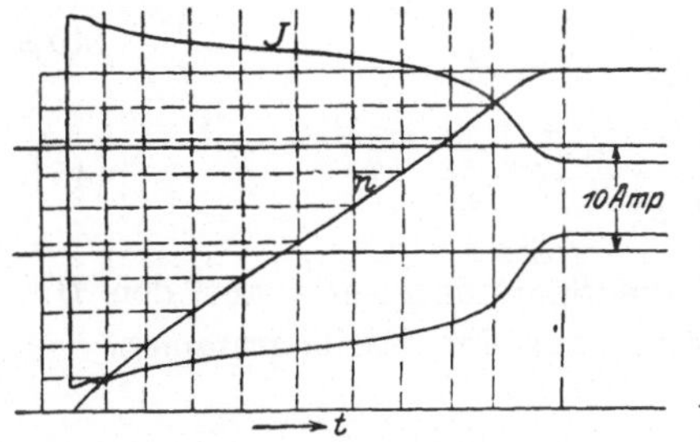

Abb. 46. Einhüllende des Stromes und Drehzahl der Schaltung 3 (vgl. Zahlentafel 1, Seite 290) nach Oszillogramm.

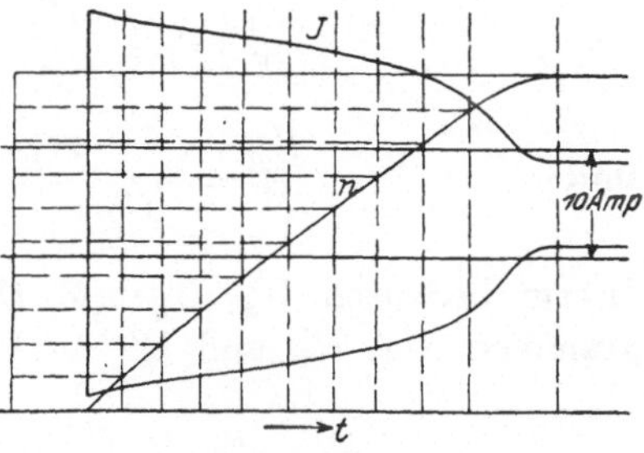

Abb. 47. Einhüllende des Stromes und Drehzahl der Schaltung 4 (vgl. Zahlentafel 1, Seite 290) nach Oszillogramm.

sondern nur Scheitelwerte. Der Maßstab wurde durch die Aufnahme eines Stromes von konstantem Effektivwert ermittelt. Streng richtig ist dies nur bei gleichen Scheitelfaktoren beider Ströme.

Die Einhüllenden der Ströme und die Kurven der Drehzahl zeigen die Abb. 44 bis 49. Die ermittelten Werte sind auch in die Abb. 21 bis 26 eingetragen (gestrichelte Stromkurven). Es war zu erwarten, daß die experimentell ermittelten Stromkurven höher verliefen als die aus den Diagrammen sich ergebenden, da bei diesen die Eisensättigung vernachlässigt ist. Man sieht jedoch, daß durchweg bei geringer Drehzahl die Kurven nur wenig voneinander abweichen. Es rührt dies daher, daß bei geringer Drehzahl ein starker Spannungsabfall vorhanden ist. Erst bei höherer Drehzahl liegt die experimentell ermittelte Kurve höher als die aus dem Diagramm entnommene, weil der Spannungsabfall bei abnehmendem Strom allmählich zurückgeht.

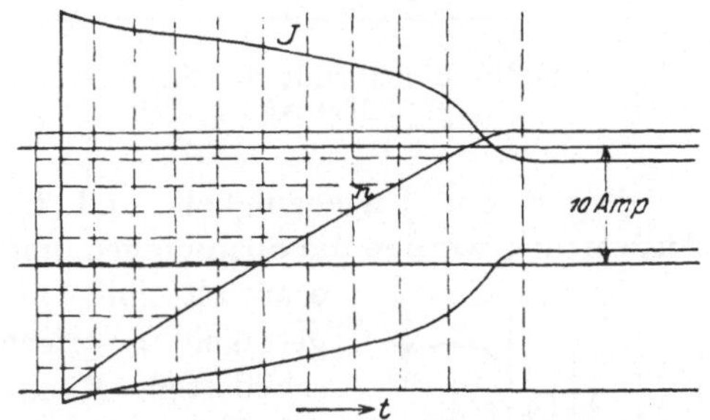

Abb. 48. Einhüllende des Stromes und Drehzahl der Schaltung 5 (vgl. Zahlentafel 1, Seite 290) nach Oszillogramm.

Auch bei der Aufnahme der Teilspannungen sind nur die Scheitelwerte zu ermitteln (Abb. 50 und 51). Dabei weicht die Kurvenform der Spannungen (wie die Oszillogramme zeigen) erheblich von der Sinusform ab. Der auftretende Spannungsabfall erschwert die Auswertung der Aufnahmen sehr, da die Gesamtspannung nicht aufgenommen werden konnte. (Der Oszillograph hatte nur 2 Schleifen.) Die Auswertung geschah nun so, daß gesetzt wurde

$$\frac{U'_A}{U'} = \frac{U'_A}{|U'_A| + |U'_B|} \cdot \frac{|U_A| + |U_B|}{U} \tag{45a}$$

und

$$\frac{U'_B}{U'} = \frac{U'_B}{|U'_A| + |U'_B|} \cdot \frac{|U_A| + |U_B|}{U}. \tag{45b}$$

Hierin bedeuten U_A, U_B und U die Spannungswerte aus den Diagrammen, U'_A, U'_B und U' die Werte aus den Oszillogrammen.

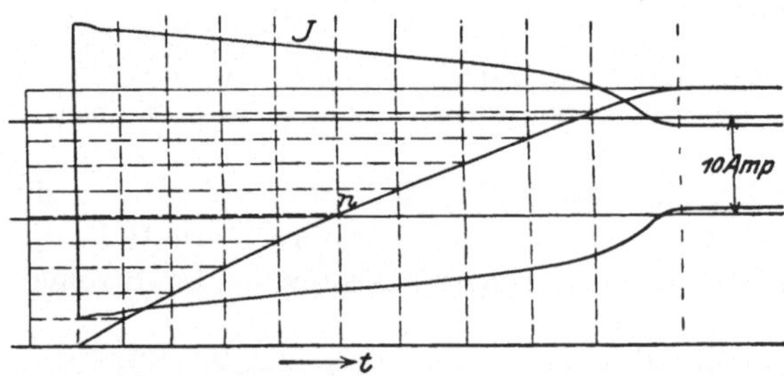

Abb. 49. Einhüllende des Stromes und Drehzahl der Schaltung 6 (vgl. Zahlentafel 1, Seite 290) nach Oszillogramm.

Wegen der Ungenauigkeit und Umständlichkeit einer solchen Auswertung wurden die Spannungen nur für die Schaltungen 1 und 6 ermittelt und in die Abb. 27 und 32 eingetragen (gestrichelte Kurven). Trotz der geschilderten Mängel ist die Übereinstimmung mit den Diagrammkurven gut.

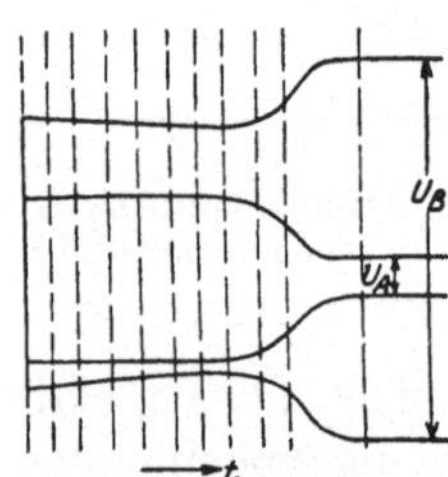

Abb. 50. Experimentell ermittelter Verlauf der Teilspannungen der Schaltung 1 (vgl. Abb. 27).

b) Verlauf des Drehmoments.

Die Bestimmung des Drehmoments als Funktion der Anlaufzeit geschah nach dem im zweiten Teil der Arbeit beschriebenen Verfahren. Bei der Aufnahme der Kurven mußte zur Speisung des Motors eine Synchronmaschine (von 50 kVA Leistung) verwandt werden, um die verschiedenen für die einzelnen Schaltungen notwendigen Spannungen schaffen zu können. Dies hatte den schon früher erwähnten Nachteil, daß der Spannungsabfall während des Anlaufs sehr erheblich war, um so mehr, als der Generator meist sehr wenig gesättigt war. Er betrug im Maximum etwa 10 %. Die Erregung des Generators wurde bei den Aufnahmen so eingestellt, daß an den Klemmen des Motors die Spannung nach erfolgtem Anlauf gleich der Normalspannung war.

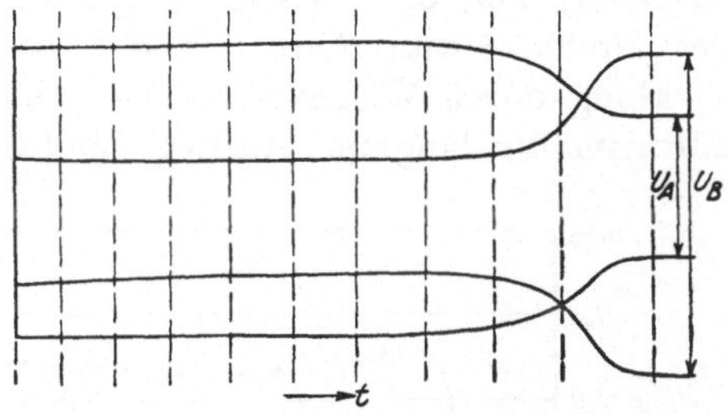

Abb. 51. Experimentell ermittelter Verlauf der Teilspannungen der Schaltung 6 (vgl. Abb. 32).

Um die Anlaufzeit und damit die Genauigkeit der aufgezeichneten Kurven zu vergrößern (vgl. den zweiten Teil dieser Arbeit), waren auf die Welle des Läufers des Motors zwei Schwungscheiben aufgesetzt. Der Erregerstrom der Hilfsmaschine betrug bei den Aufnahmen 0,23 Amp, der Magnetisierungsstrom für den großen Magneten 7,5 Amp.

Die Aufnahme der Kurven selbst machte keine besonderen Schwierigkeiten. Die Kurven für die Schaltungen 1 bis 6 sind in den Abb. 52 bis 57 enthalten. Außerdem ist in Abb. 58 die Kurve für die vierpolige (Betriebs-) Wicklung allein mit 16 Leitern pro Nut aufgenommen.

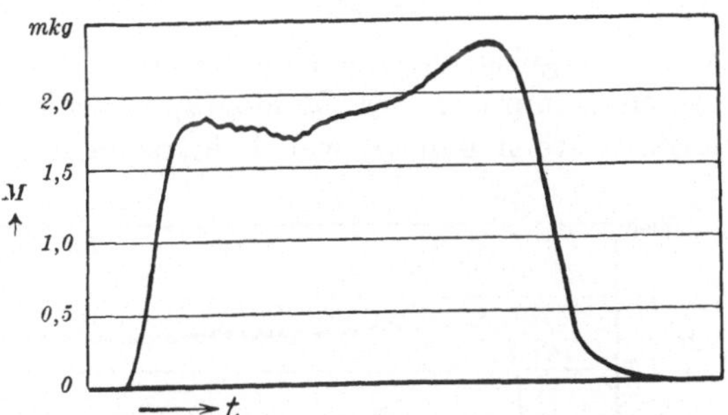

Abb. 52. Experimentell aufgenommene Drehmomentkurve der Schaltung 1 (vgl. Abb. 21).

Die Kurven Abb. 52 bis 57 haben alle den gleichen Maßstab für das Drehmoment; der Maßstab in der Abb. 58 ist $^2/_3$ desjenigen der Abb. 52 bis 57.

Hinsichtlich des Verlaufs des Drehmomentes stimmen die aufgenommenen Kurven ziemlich mit den aus den Diagrammen her-

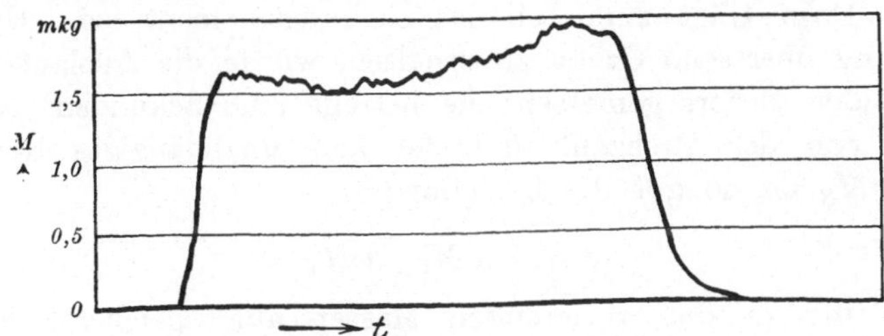

Abb. 53. Experimentell aufgenommene Drehmomentkurve der Schaltung 2 (vgl. Abb. 22).

geleiteten überein, nur weisen sie für ganz geringe Drehzahl eine Erhöhung auf, die bei den Diagrammkurven fehlt. Diese Erhöhung des Drehmoments rührt von der Widerstandserhöhung der Läuferwicklung durch Wirbelströme her. Besonders auffallend ist der verhältnismäßig langsame Anstieg der Kurven am Anfang und das lang-

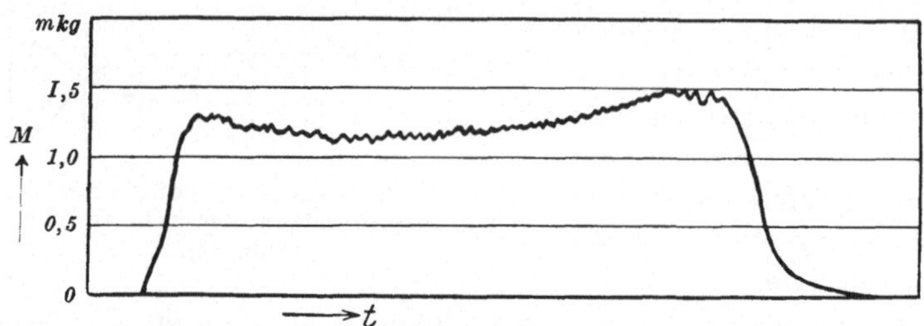

Abb. 54. Experimentell aufgenommene Drehmomentkurve der Schaltung 3 (vgl. Abb. 23).

same Übergehen in die Nullinie am Ende. Dies liegt an der zu starken Dämpfung der Oszillographenschleife, die leider nicht verringert werden konnte, weil kein passendes Öl zur Verfügung stand.

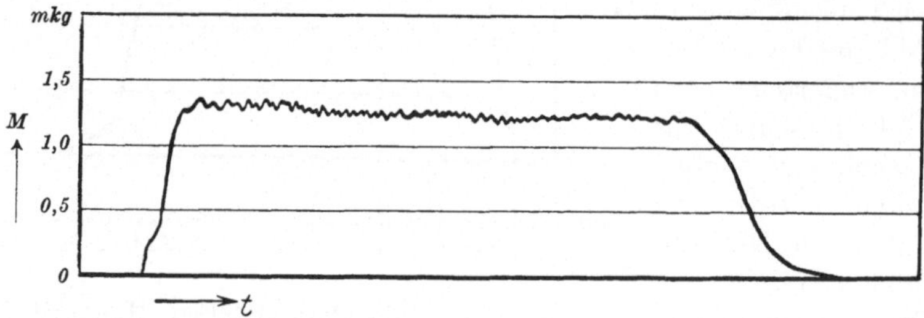

Abb. 55. Experimentell aufgenommene Drehmomentkurve der Schaltung 4 (vgl. Abb. 24).

Was die Größe des Drehmoments anbelangt, so ist es bei den aufgenommenen Kurven erheblich geringer als bei den Diagrammkurven. Dazu trägt zum Teil das Reibungsmoment bei. Um eine Vorstellung über seine Größe zu erhalten, wurde die Auslaufzeit des leerlaufenden Motors gemessen; sie beträgt 99,8 Sekunden. Nehmen wir ein von der Drehzahl und der Zeit unabhängiges Reibungsmoment M_R an, so gilt die Beziehung

$$A = 2\,\pi\, M_R \int n\, dt, \tag{46}$$

wobei A die in den rotierenden Massen aufgespeicherte Energie, n die Drehzahl und t die Zeit bedeutet. Das Integral ist über die ganze Auslaufzeit zu erstrecken. Bei konstantem M_R fällt n linear mit der Zeit ab, und es wird

$$\int n\,dt = \tfrac{1}{2} n_s T_a, \tag{47}$$

wenn n_s die synchrone Drehzahl und T_a die Auslaufzeit bezeichnet. Es ist dann

$$M_R = \frac{A}{\pi n_s T_a}. \tag{48}$$

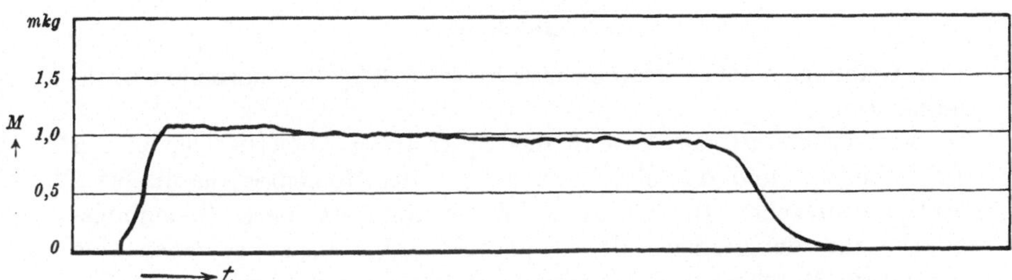

Abb. 56. Experimentell aufgenommene Drehmomentkurve der Schaltung 5 (vgl. Abb. 25).

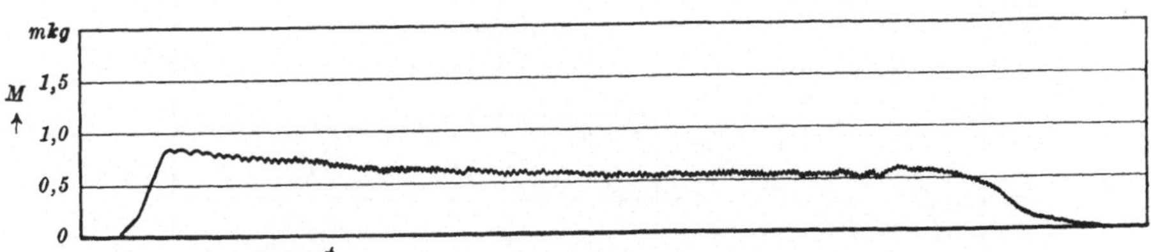

Abb. 57. Experimentell aufgenommene Drehmomentkurve der Schaltung 6 (vgl. Abb. 26).

Die Größe von A läßt sich aus dem Trägheitsmoment der rotierenden Massen und der synchronen Drehzahl bestimmen. Dies

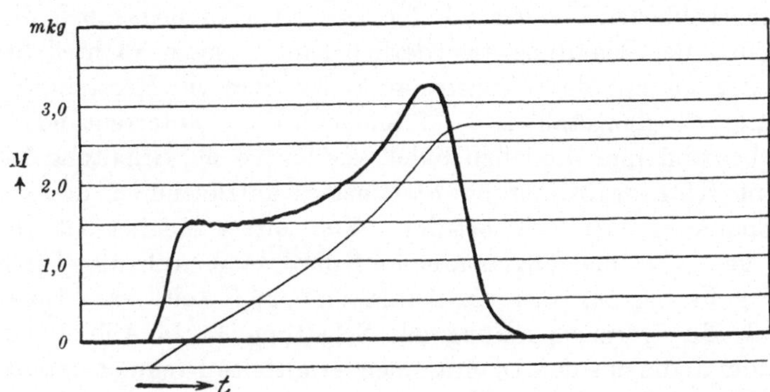

Abb. 58. Experimentell aufgenommene Drehmoment- und Drehzahlkurve der Betriebswicklung mit 16 Leitern pro Nut (vgl. Abb. 18).

ist im zweiten Teil der vorliegenden Arbeit geschehen. Aus Gl. 70 ergibt sich dort durch Einsetzen der auf Seite 351 gefundenen Zahlenwerte

$$A = \tfrac{1}{2} \cdot \frac{0{,}46183 \cdot 24674}{9{,}80} \text{ mkg}^*.$$

Es ist dann mit $n_s = 25$ Uml/sec und $T_a = 99{,}8$ sec

$$M_R = \frac{\tfrac{1}{2} \cdot 0{,}46183 \cdot 24674}{9{,}80 \cdot \pi \cdot 25 \cdot 99{,}8} = 0{,}074 \text{ mkg}^*.$$

Das Reibungsmoment beträgt mithin etwa 3 % des normalen Drehmomentes.

Viel größer ist der Einfluß des Spannungsabfalls, der bis zu 10 % beträgt und der eine Verringerung des Momentes bis um etwa 20 % verursacht. Bei einem normalen Netz ist dieser Spannungsabfall sehr viel geringer als bei unseren Aufnahmen, bei denen eine besondere Maschine als Spannungserzeuger benutzt werden mußte.

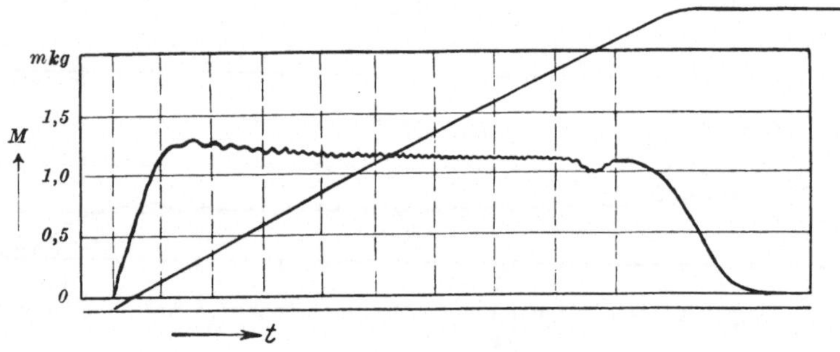

Abb. 59. Experimentell aufgenommene Drehmoment- und Drehzahlkurve der Schaltung 5 (vgl. Abb. 25 und 56).

Weiter wird das Drehmoment ungünstig beeinflußt durch den nicht unerheblichen Widerstand der vielen Verbindungskabel, die zur Herstellung der Schaltung erforderlich sind. Diesen Nachteil besitzt natürlich auch nur der Versuchsmotor, bei dem zur Herstellung verschiedener Windungszahlen die Ständerwicklung unterteilt ist.

Es bestand nun die Möglichkeit, die Kurve der Schaltung 5 auch noch mit Hilfe des Karlsruher Stadtnetzes aufzunehmen, dessen normale Spannung 120 Volt beträgt. Von dieser Möglichkeit ist Gebrauch gemacht; die aufgenommene Kurve zeigt Abb. 59. Die Netzspannung betrug zur Zeit der Aufnahme 122,0 Volt, war also etwas höher als die Normalspannung der Schaltung 5. In Abb. 60 ist nun noch einmal die aus den Diagrammen ermittelte Drehmomentenkurve der Schaltung 5 gezeichnet (ausgezogene Kurve). Die Abszissenachse ist dann um den Betrag des ungefähren Reibungsmomentes gehoben (gestrichelt); von der gehobenen Abszissenachse aus sind dann die Ordinaten der Kurve der Abb. 59 aufgetragen. Die nun entstandene Kurve (gestrichelt) kommt der Diagrammkurve schon ziemlich nahe; sie hat durchschnittlich etwa 6 bis 10% kleinere Ordinaten.

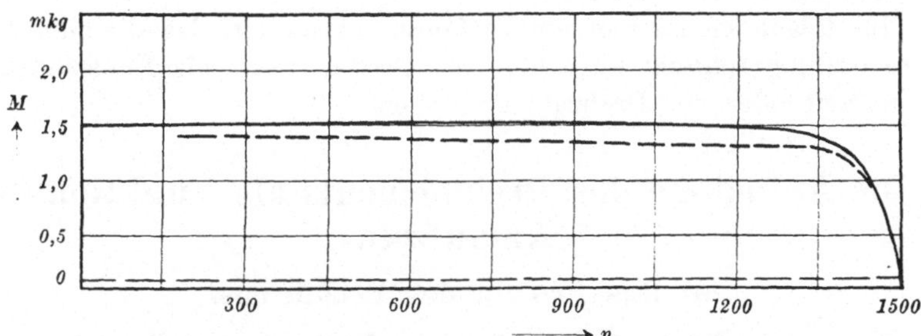

Abb. 60. Drehmomentkurven der Schaltung 5 (vgl. Abb. 25, 56 und 59), ---- experimentell ermittelt, ——— aus dem Diagramm entnommenen.

Die jetzt noch bestehende Differenz der Kurven ist wohl teilweise auf den Einfluß des Widerstandes der zahlreichen Verbindungskabel und der Übergangswiderstände zurückzuführen. Diese wirken wie eine Vergrößerung des primären Widerstandes und setzen das Drehmoment herab.

Außerdem ist in den Diagrammen die Eisensättigung vernachlässigt, die bei dem gleichzeitigen Vorhandensein der beiden Drehfelder groß ist. Es muß also auch aus diesem Grunde die wirkliche Kurve des Drehmomentes etwas tiefer verlaufen als die aus den Diagrammen entnommene.

Zweiter Teil.

Verfahren zur unmittelbaren Aufnahme des Drehmoments als Funktion der Zeit oder der Drehzahl.

Einleitung.

Beim Drehstrommotor mit Kurzschlußläufer ist es wichtig, den Verlauf des Drehmoments als Funktion der Anlaufzeit oder der Drehzahl zu kennen, da von der Gestalt dieser Kurve das Verhalten des Motors während des Anlaufs abhängig ist. Eine punktweise Bestimmung dieser Kurven ist umständlich und dadurch erschwert, daß die Betriebszustände für einen großen Teil der Anlaufzeit gewöhnlich unstabil sind.

Eine mechanische Anordnung zur Aufnahme des Drehmoments über der Anlaufzeit oder der Drehzahl ist von W. Stiehl[1]) benutzt worden. Sie hat jedoch den Nachteil, daß sie keine sehr genauen Ergebnisse liefert und daß die Kurve nicht in direkt brauchbarer Form aufgezeichnet wird.

Im folgenden ist nun ein Verfahren behandelt, das die unmittelbare oszillographische Aufnahme des Drehmoments als Funktion der Anlaufzeit oder der Drehzahl ermöglicht.

1. Die Aufnahme des Drehmoments als Funktion der Anlaufzeit.

a) Das Prinzip des Verfahrens.

Wenn eine Maschine leer anläuft, dient das von ihr ausgeübte Drehmoment M zum geringen Teil zur Überwindung des Reibungsmoments M_R, im übrigen nur zur Beschleunigung der rotierenden Massen der Maschine. Es ist also

$$M = M_R + M_N, \tag{49}$$

wenn M_N das nutzbare Drehmoment (Nutzmoment) bedeutet. Nun ist

$$M_N = \Theta \frac{d\omega}{dt}, \tag{50}$$

worin Θ das Trägheitsmoment der rotierenden Massen, ω die Winkelgeschwindigkeit und t die Zeit bedeutet.

Führen wir an Stelle von ω die Drehzahl n ein, so erhalten wir

$$M_N = 2\pi\Theta \frac{dn}{dt} = C_1 \frac{dn}{dt}, \tag{51}$$

wenn C_1 eine konstante Größe bedeutet.

Es ist also bei Leeranlauf das Nutzmoment dem ersten Differentialquotienten der Drehzahl nach der Zeit proportional.

Will man nun z. B. in einem Galvanometer einen dem Drehmoment proportionalen Ausschlag hervorrufen, so muß man es mit einem Strom speisen, der proportional der Größe $\frac{dn}{dt}$ ist. Eine solche Speisung findet statt, wenn man das Galvanometer über einen festen

---

[1]) Stiehl, Dr.-Ing., W.: Experimentelle Untersuchung der Drehmomentverhältnisse von Drehstrom-Asynchronmotoren mit Kurzschlußrotoren verschiedener Stabzahl (Forschungsarbeiten auf dem Gebiete des Ingenieurwesens, Heft 212).

Widerstand mit einer Spule verbindet, die mit einer der Größe $\frac{dn}{dt}$ proportionalen Geschwindigkeit in einem magnetischen Felde gedreht wird, das so beschaffen ist, daß die in der Spule induzierte EMK der Drehgeschwindigkeit proportional ist.

Dies ließe sich z. B. erreichen, wenn man die Achse der Spule mit der Zeigerachse eines Drehzahlzeigers kuppeln würde, der so beschaffen ist, daß seine Zeigerausschläge den gemessenen Drehzahlen proportional sind. Diese Bedingung ist erfüllt bei einem elektrischen Drehzahlzeiger. Ein solcher besteht aus einer kleinen konstant erregten Gleichstrommaschine (Tachometermaschine), die mit der zu untersuchenden Maschine gekuppelt ist und einem an die Ankerklemmen dieser Maschine angeschlossenen Drehspulspannungszeiger, der in Umläufen pro Minute geeicht ist.

Es liegt nun nahe, die Spule des Spannungszeigers mit der Spule, die an das Galvanometer gelegt wird, auf eine gemeinsame Welle

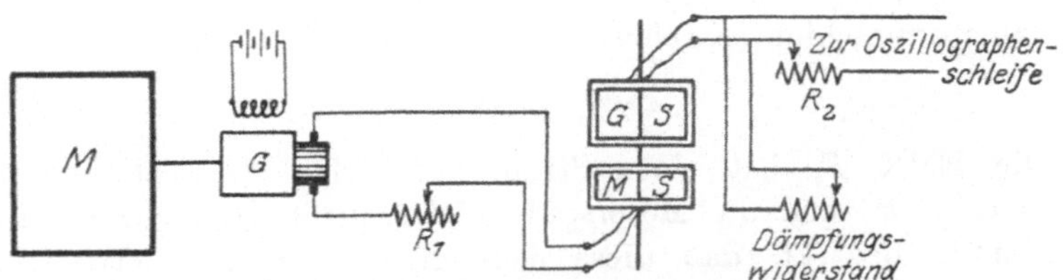

Abb. 61. Schaltung zur Aufnahme des Drehmoments.

zu setzen und ihre Drehung in demselben magnetischen Felde vor sich gehen zu lassen. Man kommt dann zu einer Anordnung, wie sie Abb. 61 darstellt.

Es ist M die zu untersuchende Maschine, mit der der Anker der konstant erregten Gleichstrom-Tachometermaschine G gekuppelt ist. An die Ankerklemmen der Tachometermaschine ist über einen regulierbaren Widerstand R_1 die Spule MS (Motorspule) gelegt, die in einem homogenen magnetischen Feld drehbar angeordnet ist. Auf der gleichen Achse mit dieser Spule sitzt eine zweite GS (Generatorspule), die sich in dem gleichen Magnetfelde bewegt. Die Enden dieser Spule sind über einen Ohmschen Widerstand R_2 an eine Oszillographenschleife angeschlossen. Eine solche hat vor einem gewöhnlichen Galvanometer den Vorzug, daß ihre Eigenschwingungsdauer wesentlich geringer ist.

Das rückwärtsdrehende Moment, das dem von der Motorspule ausgeübten das Gleichgewicht hält, wird von einem Paar Spiralfedern mit konstanter Richtkraft geliefert, die auf der Welle des Spulensystems sitzen.

Die Bedeutung des in Abb. 61 noch gezeichneten Dämpfungswiderstandes lernen wir später kennen.

Wir betrachten nun an Hand der Abb. 61 noch einmal kurz die Wirkungsweise, wobei wir vorerst den Einfluß elektromagnetischer und mechanischer Trägheiten vernachlässigen.

Wir haben früher gesehen, daß das Nutzmoment bei Leeranlauf proportional dem Differentialquotienten $\frac{dn}{dt}$ ist. Nun ist bei unserem Meßverfahren mit der Hauptmaschine die Tachometermaschine gekuppelt. Da ihre Leistung bei der Messung jedoch nur wenige Watt beträgt, ist sie gegenüber der Leistung der Hauptmaschine vernachlässigbar klein, selbst wenn diese kleine Nennleistung hat. Wir können also auch jetzt noch die Gl. 51 als erfüllt ansehen.

Beim Anlauf des Motors wird der Anker der Tachometermaschine mitgedreht und in ihm eine EMK erzeugt, die bei konstanter Erregung proportional der Drehzahl ist. Bezeichnen wir in folgendem mit $C_2, C_3 \ldots C_n$ konstante Größen, so können wir für die EMK der Tachometermaschine schreiben

$$E_1 = C_2 \cdot n. \tag{52}$$

Die EMK E_1 hat einen Strom zur Folge, der sich über den Widerstand R_1 und die Motorspule MS schließt. Der Strom in der Motorspule bewirkt, daß diese sich in dem magnetischen Felde dreht. Durch diese Drehung wird in der Motorspule eine EMK E_1' (Gegen-EMK) induziert. Ist nun im Stromkreis der Motorspule der induktive Widerstand auch für die höheren Oberwellen vernachlässigbar klein gegenüber dem Wirkwiderstand, so besteht für den Strom J_1 dieses Kreises die Gleichung:

$$J_1 = \frac{E_1 - E_1'}{\Sigma R_1}, \tag{53}$$

wobei ΣR_1 die Summe aller Wirkwiderstände im Stromkreis der Motorspule bedeutet. Wir trennen den Strom J_1 in zwei fiktive Teilströme und setzen

$$J_1 = J_1' - J_1'', \tag{54a}$$

$$J_1' = \frac{E_1}{\Sigma R_1}, \tag{54b}$$

$$J_1'' = \frac{E_1'}{\Sigma R_1}. \tag{54c}$$

Aus den Gleichungen 52 und 54b folgt

$$J_1' = C_3\, n. \tag{55a}$$

Die EMK E_1' ist der Winkelgeschwindigkeit ω_S proportional, mit der sich das Spulensystem dreht; mithin kann die Gl. 54c geschrieben werden

$$J_1'' = C_4 \, \omega_S . \tag{55b}$$

Wir setzen zunächst voraus, daß ω_S so klein sei, daß der Strom J_1'' gegenüber dem Strom J_1' vernachlässigt werden kann. Dies ist der Fall, wenn der Anlauf der zu untersuchenden Maschine sehr langsam erfolgt. Man hat es in der Hand, die Anlaufzeit fast beliebig groß zu machen dadurch, daß man auf die Welle des Ankers Schwungmassen aufsetzt.

Bei Vernachlässigung von J_1'' ist das auf das Spulensystem ausgeübte Drehmoment proportional dem Strom J_1'. Vernachlässigt man außerdem den Einfluß der Massenträgheit des Spulensystems und der vorhandenen Dämpfung auf die Bewegung des Systems, so ist auch der Verdrehungswinkel α_S des Spulensystems dem Strom J_1' proportional, und unter Berücksichtigung der Gl. 55a läßt sich schreiben

$$\alpha_S = C_5 \, n . \tag{56}$$

Es ist also der Verdrehungswinkel α_S der Drehzahl n der zu untersuchenden Maschine proportional.

In der Generatorspule wird bei der Drehung des Spulensystems eine EMK E_2 induziert, die der Winkelgeschwindigkeit ω_S proportional ist. Es ist also

$$E_2 = C_6 \, \omega_S = C_6 \frac{d\alpha_S}{dt} = C_7 \frac{dn}{dt} . \tag{57}$$

Die EMK E_2 treibt nun einen Strom J_2 durch den Widerstand R_2 und die Oszillographenschleife. Wenn wir auch in diesem Stromkreis der Generatorspule die Reaktanzen gegenüber den Wirkwiderständen vernachlässigen können, ist der Strom J_2 und damit auch die Ablenkung S des Lichtpunktes im Oszillographen der EMK E_2 proportional, und wir erhalten

$$S = C_8 \, J_2 = C_9 \, E_2 = C_{10} \frac{dn}{dt} . \tag{58}$$

Aus Gl. 51 und 58 ergibt sich

$$S = C_{11} \, M_N , \tag{59}$$

d. h. die Ablenkung des Lichtpunktes im Oszillographen ist dem nutzbaren Drehmoment proportional; läßt man den Lichtpunkt auf ein lichtempfindliches, mit konstanter Geschwindigkeit sich bewegendes Papier einwirken, so erhält man eine Kurve, die das nutzbare Drehmoment als Funktion der Zeit darstellt.

Wir haben bei unseren Betrachtungen bisher verschiedene Größen vernachlässigt, die nicht ohne Einfluß auf die Wirkungsweise der Anordnung sind. Der Einfluß der elektromagnetischen und mechanischen Trägheiten wird in einem späteren Abschnitt behandelt. Es muß hier nur noch einiges über den Strom J_1'' (vgl. Gl. 55b) gesagt werden. Wenn in Wirklichkeit das Spulensystem, wie wir zunächst der Einfachheit halber angenommen haben, keine Massenträgheit besäße, so dürfte auch keine Dämpfung vorhanden sein. Der Strom J_1'' wirkt aber dämpfend, da er durch ein der Drehgeschwindigkeit proportionales Moment der Drehung entgegenwirkt. Unter den angenommenen Verhältnissen würde also der Strom J_1'' unerwünschte Wirkungen haben. Da aber in Wirklichkeit das Spulensystem eine Massenträgheit besitzt, so ist eine Dämpfung des Systems notwendig, um zu verhindern, daß es bei seiner Bewegung freie Schwingungen ausführt. Ein drehbares System folgt nun allgemein den auf es einwirkenden Kräften am schnellsten, wenn es sich im sog. aperiodischen Grenzzustand befindet[1]). Um diesen herzustellen, muß die Dämpfung einen ganz bestimmten, durch die Massenträgheit und die Richtkraft festgelegten Wert besitzen. Ist nun die dämpfende Wirkung des Stromes J_1'' nicht größer, als zur Erzielung des aperiodischen Grenzzustandes erforderlich ist, so hat der Strom J_1'' keine schädliche Wirkung, da er einen Beitrag zu der notwendigen Dämpfung liefert, der sonst auf anderem Wege geschaffen werden müßte. Erforderlichenfalls kann eine weitere Dämpfung z. B. durch einen an die Klemmen der Generatorspule angeschlossenen Dämpfungswiderstand erzielt werden (vgl. Abb. 61).

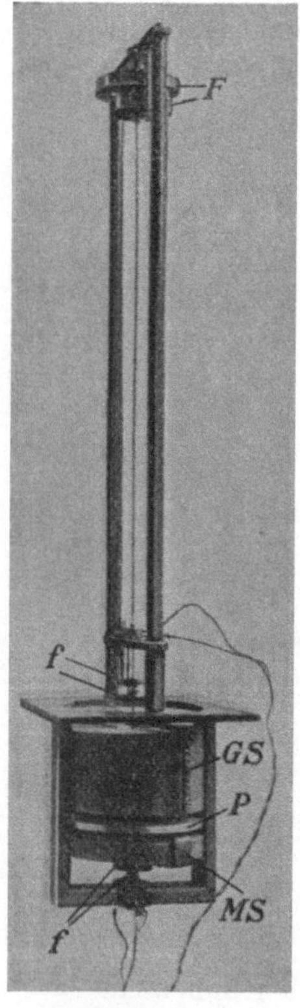

Abb. 62. Spulensystem.

b) Die technische Durchbildung des Verfahrens und die dabei aufgetretenen Schwierigkeiten.

Das Spulensystem wurde so gebaut, daß es in den magnetischen Kreis eines vorhandenen großen Elektromagneten ohne weiteres eingesetzt werden konnte. Es ist in Abb. 62 dargestellt. Die um je einen Eisenkern drehbare Motorspule

[1]) Vgl. Hort: Technische Schwingungslehre. S. 38. Berlin 1922.

(*MS*) und Generatorspule (*GS*) sitzen auf einer gemeinsamen Welle, die an ihrem oberen Ende zwei spiralförmige Blattfedern (*F*) trägt, die das rückwärtsdrehende Moment liefern. Damit das drehbare System möglichst genau den auf es wirkenden Kräften folge, ist außer einer günstigen Dämpfung noch eine möglichst kleine Eigenschwingungsdauer des Systems vorteilhaft. Die Federn mußten zu diesem Zweck eine große Richtkraft besitzen. Da derartige Federn aus unmagnetischem Material nicht zur Verfügung standen, mußte die Welle so lang gemacht werden, daß die Federn außerhalb des Bereichs des magnetischen Feldes kamen, um dessen Homogenität nicht zu stören. Die zwischen den beiden Spulen liegende Eisenplatte *P* war bei der ersten Ausführung nicht eingebaut. Ihre Bedeutung werden wir später kennen lernen.

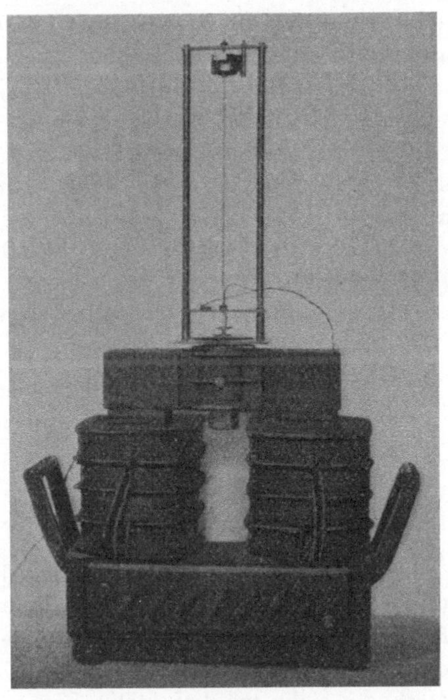

Abb. 63. Spulensystem in den Elektromagneten eingebaut.

Die Stromzuführung zu den Spulen erfolgt durch kleine Bronzefedern (*f*). Wenn das System in den Elektromagneten eingebaut ist (Abb. 63), so bewegen sich die Spulen in einem Luftspalt von konstanter Breite, in welchem (in hinreichender Entfernung von den Rändern) die Normalkomponente der magnetischen Induktion als konstant angesehen werden kann.

Bei den ersten Versuchen stellte es sich heraus, daß eine hinreichende Dämpfung mit dem in Abb. 61 gezeichneten Dämpfungswiderstand nicht zu erreichen war. Außerdem erschien es vorteilhafter, die Dämpfung im wesentlichen in die Motorspule zu verlegen, weil in ihr auch die bewegenden Kräfte auftreten; dadurch ist das Wellenstück zwischen beiden Spulen auf Verdrehung weniger beansprucht.

Um dieses Ziel zu erreichen, wurde die Motorspule auf einen Kupferrahmen gewickelt, der nicht ganz in sich geschlossen ist. Der verbleibende Luftschlitz kann nun durch Draht von größerem oder geringerem Widerstand überbrückt werden; dadurch wirkt der Kupferrahmen als Kurzschlußwindung von kleinerer oder größerer Leitfähigkeit; die dämpfende Wirkung läßt sich also in weiten Grenzen ändern. Außerdem wird die Dämpfung noch vergrößert durch ein dünnes Kupferband, das über die fertig gewickelte Spule gelegt und geschlossen wurde. Der in Abb. 61 gezeichnete Dämpfungswiderstand dient nun nur noch zur feinen Einstellung der Dämpfung auf den aperiodischen Grenzzustand.

Es seien nun die Konstanten derjenigen Spulen angegeben, welche sich als brauchbar erwiesen und bei den Messungen benutzt wurden. Die Motorspule hat eine Länge von 120 mm, eine Breite von 20 mm und besteht aus 97 Windungen Kupferdraht von 0,30 mm Durchmesser. Die Generatorspule hat eine Länge von 120 mm, eine Breite von 70 mm und besteht aus 70 Windungen Kupferdraht von 0,40 mm Durchmesser.

Die gemessenen elektrischen Konstanten der Spulen sind:

a) Wirkwiderstände:

Motorspule (einschl. Zuleitungen) . . . . 7,75 Ohm,
Generatorspule (einschl. Zuleitungen) . . 3,42 „

b) Induktivitäten:

Motorspule . . . . 0,00036 Henry,
Generatorspule . . . . 0,00127 „

Die Induktivitäten der Spulen sind mit der Wechselstrombrücke und Telephon gemessen; die Spulen befanden sich während der Messung im erregten Elektromagneten. Da die zu messenden Induktivitäten sehr gering sind, war ihre Messung nach einer anderen Methode nicht möglich. Die Brückenmethode mit Telephon bedingt jedoch die Anwendung hochfrequenten Wechselstromes. Benutzt wurde ein Strom von etwa 600 Perioden in der Sekunde. Die Einzelwellen des im Betrieb durch die Spulen fließenden Stromes — soweit sie bei den späteren Untersuchungen berücksichtigt sind — haben eine in weiten Grenzen veränderliche Frequenz, die aber stets sehr viel geringer ist als die der Meßströme. Für die Betriebsströme kann mithin die Induktivität wesentlich größer sein, als die Meßwerte angeben. Bei der späteren Untersuchung des Einflusses der Induktivitäten auf die Wirkungsweise der Meßanordnung werden wir jedoch erkennen, daß dieser Einfluß selbst dann noch verschwindend gering ist, wenn wir eine Induktivität annehmen, die fünfmal so groß ist als die gemessene.

Die Induktivität der Motorspule ist deshalb wesentlich geringer als die der Generatorspule, weil sie durch die Kurzschlußkreise stark herabgesetzt wird.

Nach Fertigstellung des Spulensystems (Abb. 62), bei dem zunächst nur noch die zwischen beiden Spulen liegende Platte fehlte, wurde ein roher Vorversuch mit ihm unternommen. Die Tachometermaschine wurde dabei von dem Asynchronmotor, dessen Drehmoment gemessen werden sollte, durch einen Riemen angetrieben; sie war

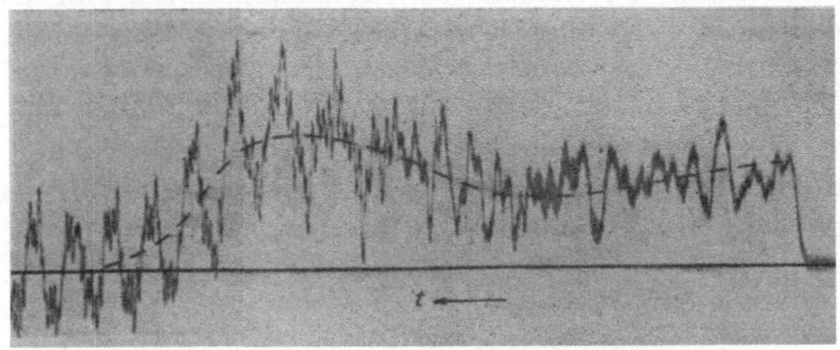

Abb. 64. Drehmomentkurve (Probeaufnahme).

eine gewöhnliche kleine Gleichstrommaschine mit ziemlich grober Nut- und Kollektorteilung. Die Aufnahme zeigt Abb. 64. Sie ist wie alle Aufnahmen, bei der die Zeit Abszisse ist, mit einem gewöhnlichen Siemensschen Oszillographen vorgenommen. Es läßt sich schon der angenäherte Verlauf des Drehmoments über der Anlaufzeit erkennen (gestrichelte Linie); jedoch ist die Kurve des Drehmoments von Schwingungen der verschiedensten Frequenzen überlagert.

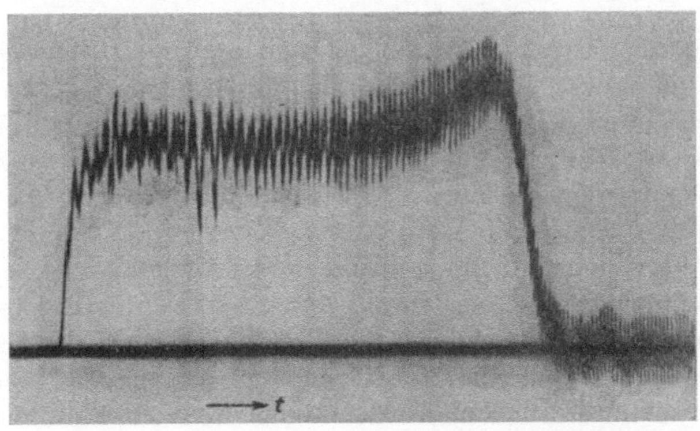

Abb. 65. Drehmomentkurve (Probeaufnahme).

Die Schwingungen mit der größten Amplitude rühren von Schwankungen des Riemens her. Es wurde deshalb die Tachometermaschine nunmehr durch eine elastische Gummiverbindung mit der Hauptmaschine gekuppelt. Die aufgenommene Kurve (Abb. 65) zeigt immer noch erhebliche Schwingungen, die ihrer Frequenz nach zu urteilen von der Nutung des Ankers oder von Spannungsschwankungen durch die grobe Kollektorteilung herrührten. Es wurde noch festgestellt, daß diese Schwingungen zum nicht geringen Teil transformatorisch von der Motor- zur Generatorspule übertragen wurden. Um diese transformatorische Übertragung zu verhindern, wurde als magnetischer Schirm die Eisenplatte P zwischen beide Spulen eingebaut (Abb. 62).

Als Tachometermaschine wurde nun eine Maschine mit ungenutetem Ringanker benutzt, die auch den Vorteil einer etwas feineren Kollektorteilung besaß. Mit ihr ist die Kurve der Abb. 66 aufgenommen. Die vorhandenen Schwingungen rühren zum größten

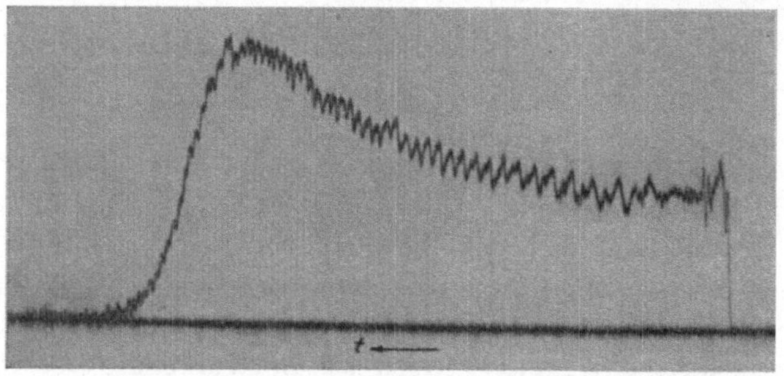

Abb. 66. Drehmomentkurve (Probeaufnahme).

Teil von mechanischen Pendelungen her, die die Hilfsmaschine bei elastischer Kupplung mit der Hauptmaschine ausführte. Ein Betrieb bei starrer Kupplung erwies sich als unmöglich, da dann die Hilfsmaschine stark vibrierte und noch größere Schwankungen verursachte. Bei der Bauart der Maschine — geringe Länge, großer Ankerdurchmesser, großes Schwungmoment des Ankers — war an eine Beseitigung der Vibrationen nicht zu denken.

Die Tachometermaschine wurde deshalb durch eine andere ersetzt, die einen sehr kleinen leichten Anker (mit Nuten) und einen Kollektor von sehr feiner Teilung besaß[1]). Um den Einfluß der Nutung von vornherein zu unterdrücken, wurden die Nuten mit Eisenkeilen verschlossen. Die Maschine wurde starr mit der Hauptmaschine gekuppelt. Eine mit dieser Anordnung gemachte Aufnahme zeigt Abb. 67. Es sind bei ihr fast nur noch Schwankungen vorhanden, die die Frequenz der Drehzahl haben. Ihre Ursache wurde nach

---

[1]) Motor zum Antrieb von Zahnarzt-Bohrmaschinen von der Firma Arnold Biber, Durlach (Baden).

langen vergeblichen Bemühungen durch einen Versuch nach Abb. 68 festgestellt. Die Erregerwicklung eines Poles der zweipoligen Maschine wurde fremd erregt, die andere an eine Oszillographenschleife gelegt und der Anker in Drehung versetzt, wobei die Bürsten vom Kollektor

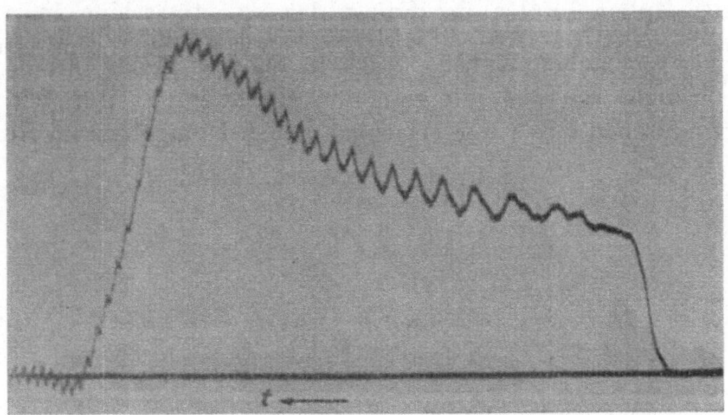

Abb. 67. Drehmomentkurve (Probeaufnahme).

abgehoben waren. Im Oszillographen wurde dann eine periodische Kurve von der Frequenz der Drehzahl sichtbar. Diese Kurve zeigte sich auch dann noch, als der Anker durch ein ungenutetes, unbewickeltes, genau zentriertes Blechpaket ersetzt wurde. Diese Versuche bewiesen, daß in der Maschine periodische Schwankungen des Flusses von der Frequenz der Drehzahl auftraten, die nicht durch Ausgleichsströme in der Wicklung hervorgerufen waren, sondern ihre Ursache in besonderen magnetischen Eigenschaften des Ankereisens hatten.

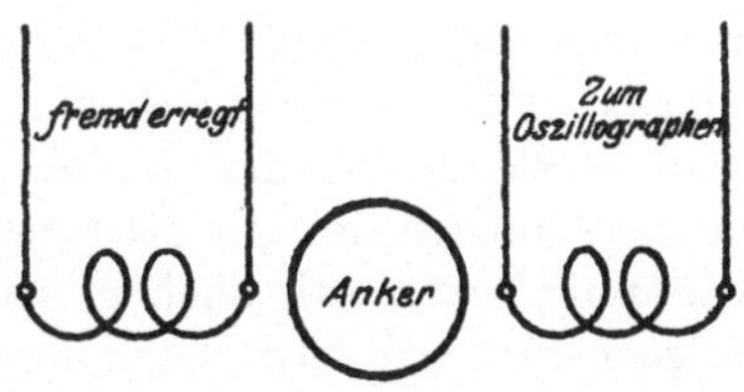

Abb. 68. Schaltung zum Nachweis von Flußschwankungen in der Tachometermaschine.

Die gleichen Erscheinungen sind schon von J. Wild beobachtet worden[1]). Versuche, diese Flußschwankungen durch Einbau eines den Anker umgebenden, ruhenden Kupferzylinders abzudämpfen, hatten keinen Erfolg.

Die Schwankungen waren offenbar nur zu beseitigen, wenn in der Maschine kein rotierendes Eisen vorhanden war. In Erkenntnis dieser Tatsache wurde ein in ein vorhandenes Gehäuse passender

[1]) J. Wild, Dr.-Ing.: Die Ursache der zusätzlichen Eisenverluste in umlaufenden Ringankern. Beitrag zur Frage der drehenden Hysterese. Mitt. Forsch.-Arb. Ing., H. 125, S. 46f.

Anker mit Holzkern und Messingwelle gebaut. Die Wicklung war in Nuten untergebracht. Diese waren schräg angeordnet, um den Einfluß der durch die Nutung verursachten ungleichmäßigen Bewicklung zu beseitigen. Die schräge Anordnung der Nuten erwies sich als ein Fehler, da durch sie Spannungsschwankungen hervorgerufen wurden, wenn der Anker infolge des Spiels der Hauptmaschine in axialer Richtung verschoben wurde. Auch in anderer Hinsicht enttäuschte der Holzanker die auf ihn gesetzten Hoffnungen. Der Widerstand im magnetischen Kreis der Maschine war bei eingebautem Holzanker

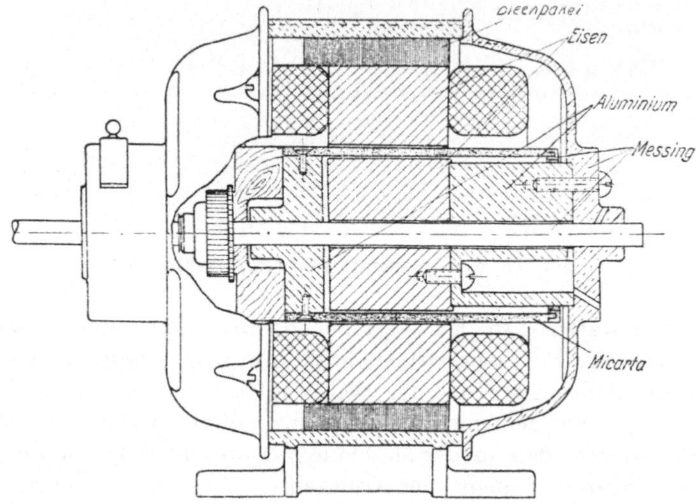

Abb. 69. Schnitt durch die Tachometermaschine ohne rotierendes Eisen.

natürlich sehr groß. Die Ankerdrahtzahl mußte deshalb, um eine hinreichende EMK zu erhalten, groß sein. Unter diesen Umständen war es schwierig, den Anker genau gleichmäßig zu bewickeln, besonders hinsichtlich der Stirnverbindungen, deren EMK infolge großer Streuung einen erheblichen Anteil an der Gesamt-EMK hatte. Infolgedessen war das Spannungsvieleck[1]) nicht geschlossen, sondern mußte durch einen inneren Ausgleichsstrom künstlich geschlossen werden. Dieser Ausgleichsstrom änderte sich periodisch und rief durch seine Rückwirkung auf das Magnetfeld bei diesem periodische Schwankungen hervor, die durch einen Versuch nach Abb. 68 festgestellt werden konnten. Diese Schwankungen verschwanden, wenn man die Ankerwicklung an einer Stelle öffnete.

Auf Grund dieser Erfahrungen wurde dann die Maschine gebaut, die bei den späteren Aufnahmen Verwendung fand und befriedigende

[1]) Vgl. Richter: Ankerwicklungen. S. 46.

Ergebnisse lieferte. Einen Längsschnitt durch die Maschine zeigt die Abb. 69, in der jedoch die Wicklung des Ankers nicht eingezeichnet ist. Der Eisenkern des Ankers steht fest; es dreht sich nur der aus einem Stück Micarta-Rohr bestehende Wicklungsträger mit der Wicklung. Das Rohr trägt 114 Nuten, die so breit und tief sind, daß sie gerade einen Draht von 0,5 mm Durchmesser fassen. In den Nuten sind 57 Spulen von je 1 Windung als Einschichtwicklung untergebracht. Der Kollektor besitzt 57 Lamellen. Auch die Wicklungsköpfe sind in (schräge) Nuten verlegt, um eine vollkommene Symmetrie der ganzen Wicklung zu erreichen. Die Leerlaufspannung der Maschine bei normaler Erregung und einer Drehzahl von 1500 Uml/min beträgt 1,7 Volt.

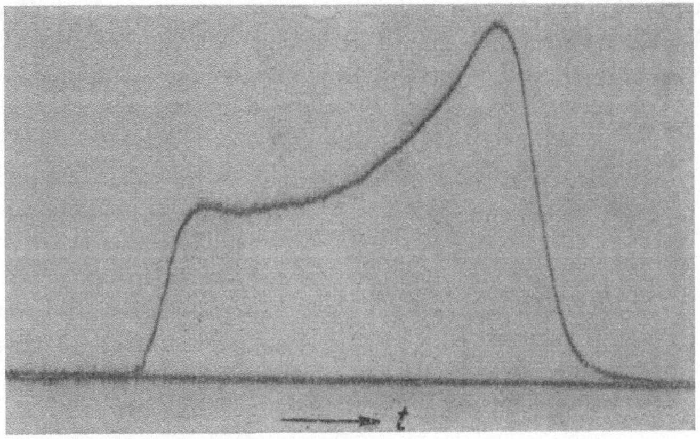

Abb. 70. Drehmomentkurve (Probeaufnahme).

Die Aufnahme einer Drehmomentkurve mit dieser Maschine zeigt die Abb. 70. Die Kurve hat einen fast völlig glatten Verlauf.

Bei der Aufnahme der Kurve ist noch darauf zu achten, daß die Bürsten gut eingelaufen sind. Ferner darf die Maschine vor der Aufnahme nicht längere Zeit mit aufgelegten Bürsten stillgestanden haben. In diesem Falle zeigt es sich nämlich, daß der Übergangswiderstand zwischen Kollektor und Bürsten nicht für alle Ankerstellungen der gleiche ist. Es genügt, unmittelbar vor der Aufnahme die Maschine etwa 1 Minute lang laufen zu lassen, um Schwierigkeiten dieser Art zu vermeiden.

c) Der Einfluß der elektromagnetischen und mechanischen Trägheiten.

Wir haben bei unseren früheren Betrachtungen einige Größen vernachlässigt, die jedoch nicht ganz ohne Einfluß auf die Wirkungsweise der Versuchsanordnung sind. Die Größe dieses Einflusses wollen wir nun feststellen.

α) **Die Induktivität des Stromkreises der Motorspule.** Im Stromkreis der Motorspule sind außer den Wirkwiderständen auch Reaktanzen vorhanden. Diese bewirken, daß der Strom J_1' nicht der EMK E_1 proportional ist. Ihr Einfluß ist nur genauer zu ermitteln, wenn die EMK und der Strom, mithin auch die Drehzahl einen periodischen Verlauf haben. Die Drehzahlkurve hat jedoch stets einen Verlauf, wie ihn etwa die ausgezogene Kurve in Abb. 71 zeigt. Von ihr interessiert uns nur der zwischen den beiden gestrichelten vertikalen Geraden eingeschlossene Teil. Wenn wir ihn als den zwischen den Grenzen $-\pi$ und $+\pi$ eingeschlossenen Teil einer periodischen Kurve ansehen, so läßt sich sein Verlauf durch eine Fouriersche Reihe darstellen[1]). Die folgenden Untersuchungen werden jedoch wesentlich einfacher, wenn wir uns die Drehzahlkurve in der in Abb. 71 gestrichelt angedeuteten Weise zu einer periodischen Kurve ersetzt denken, von der wir dann den vierten Teil einer ganzen Welle zu betrachten haben. Da der Wert der Fourierschen Reihe an jeder Stelle nur abhängt von dem Verhalten der Funktion in der unmittelbaren Umgebung dieser Stelle[2]), so ist dies zulässig. Nur für die unmittelbare Umgebung der Stellen, wo die wirkliche Kurve von der Ersatzkurve abbiegt, wird die Reihe keine richtigen Werte liefern. Bei der Zugrundelegung der Ersatzkurve nach Abb. 71 haben wir jedenfalls den Vorteil, daß die zu entwickelnde Reihe nur ungerade Sinusglieder besitzt; dieser Umstand erleichtert die folgenden Rechnungen wesentlich.

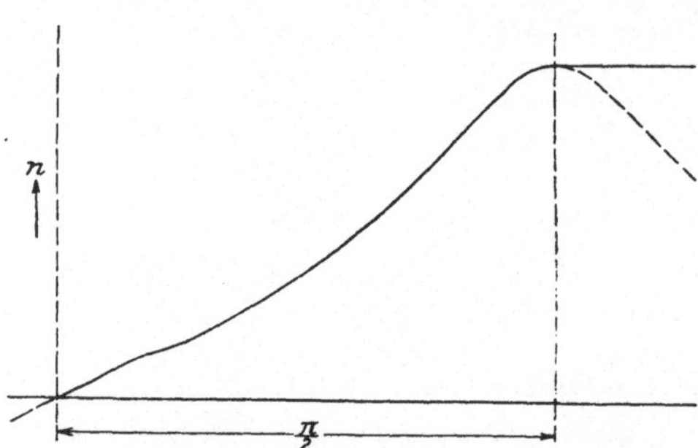

Abb. 71. Beispiel einer Drehzahlkurve und ihr Ersatz durch einen Teil einer periodischen Kurve.

Wenn die Kurve durch eine Reihe dargestellt ist, so sind wir in der Lage, den Einfluß der Reaktanzen auf jede Einzelwelle und damit auf den Verlauf der ganzen Kurve festzustellen. Da bei der späteren Differentiation der Drehzahlkurve auch höhere Harmonische noch eine wichtige Rolle spielen, berücksichtigen wir bei den Untersuchungen die Einzelwellen von der Ordnung 1 bis 35.

---

[1]) Serret-Scheffers: Lehrbuch der Differential- und Integralrechnung. Bd. II, 4. u. 5. Aufl. Anhang von Harnack über die Fouriersche Reihe.

[2]) Serret-Scheffers: a. a. O. S. 546.

Die Frequenz der Wellen ist abhängig von der Anlaufzeit; diese können wir durch Anbringen von Schwungmassen auf der Motorwelle verändern. Dauert z. B. der Anlauf 10 Sekunden, so ist die Frequenz der Grundwelle $0{,}025 \frac{1}{\text{sec}}$.

Die Verzerrung der Stromkurve kommt nun dadurch zustande, daß für die einzelnen Wellen die Reaktanz verschieden groß, der Ohmsche Widerstand jedoch derselbe ist. Die Einzelwellen erfahren dadurch eine Phasenverschiebung und eine Verkleinerung ihrer Amplituden.

Im Stromkreis der Motorspule sind vorhanden:

a) Wirkwiderstände:

Widerstand des Ankers der Tachometermaschine . .	0,96 Ohm
Widerstand der Motorspule	7,75 „
Widerstand R_1 (vgl. Abb. 61) bei Aufnahme der Kurven	3,00 „
Summe der Wirkwiderstände	11,71 Ohm

b) Induktivitäten:

Induktivität des Ankers der Tachometermaschine .	0,00100 Henry
Induktivität der Motorspule	0,00036 „
Summe der Induktivitäten	0,00136 Henry

Wir haben früher gesehen, daß die gemessenen Werte der Induktivitäten insofern nicht einwandfrei sind, als sie bei Frequenzen gemesen sind, die viel höher sind als die „Betriebsfrequenzen“. Da das Vorhandensein der Induktivitäten nur unerwünschte Wirkungen hat, so setzen wir bei der Untersuchung der Größe ihres Einflusses für die Induktivitäten das Fünffache des gemessenen Wertes ein. Wir rechnen dann mit einem hinreichend großen Sicherheitsfaktor.

Es ist dann für die 35. Welle bei einer

Anlaufzeit von	10 Sek.	5 Sek.
die Frequenz f_{35}	0,875	1,750
die Reaktanz $x = 2\pi f_{35} L$	0,03737	0,07475
die Tangente des Phasenwinkels $= \frac{x}{R_1}$	0,00320	0,00640
der Phasenwinkel	$0^0\,11'\,0''$	$0^0\,22'\,0''$
die Impedanz $z = \sqrt{R_1^2 + x^2}$ . . .	11,71006	11,71024
der Verkleinerungsfaktor $\frac{R_1}{z}$	0,99999488	0,99997951

Also selbst beim Einsetzen des fünffachen Meßwertes für die Induktivität ist sowohl bei einer Anlaufzeit von 10 Sekunden als auch bei einer solchen von 5 Sekunden der Phasenverschiebungswinkel so klein, und der Verkleinerungsfaktor der Amplitude liegt so nahe an 1, daß der Einfluß der Induktivitäten im Stromkreis der Motorspule vernachlässigt werden kann.

β) Die Massenträgheit des Spulensystems und die Dämpfungen. Neben den früheren Bezeichnungen sei:

Θ_S das Trägheitsmoment des Spulensystems,

α_S der Winkel, den das System zur Zeit t mit der Ruhelage einschließt,

D die Direktionskraft der Federn,

J_2' der Strom, der durch den Dämpfungswiderstand (Abb. 61) fließt,

J_2'' die Summe aller Ströme, die in den Kurzschlußkreisen der Motorspule fließen.

Den Strom J_1', der der Drehzahl n proportional ist, denken wir uns wie diese in eine Fouriersche Reihe zerlegt und schreiben

$$J_1' = \sum_{k=1}^{k=\infty} a_k \sin k\omega t, \tag{60}$$

worin a_k die Amplitude der k-ten Welle des Stromes bedeutet.

Für die Bewegung des Spulensystems gilt dann die Differentialgleichung

$$\Theta_S \frac{d^2\alpha_S}{dt^2} + c\,(J_1'' + J_2 + J_2' + J_2'') + D\alpha_S = q\sum_{k=1}^{k=\infty} a_k \sin k\omega t. \tag{61}$$

Die Ströme J_1'', J_2, J_2' und J_2'' sind sämtlich der Winkelgeschwindigkeit $\omega_S = \frac{d\alpha_S}{dt}$ proportional, wir können also schreiben

$$\Theta_S \frac{d^2\alpha_S}{dt^2} + C\frac{d\alpha_S}{dt} + D\alpha_S = q\sum_{k=1}^{k=\infty} a_k \sin k\omega t. \tag{62}$$

Es ist dies die Schwingungsgleichung für erzwungene gedämpfte Schwingungen. Die konstante Größe C heißt Dämpfungskonstante. Man sieht hier deutlich, daß der durch die Gegen-EMK der Motorspule verursachte Strom J_1'' zur Dämpfung des Systems beiträgt.

Die Lösung der Gl. 62 läßt sich in der Form schreiben[1]):

$$\alpha_S = \frac{q}{D}\sum_{k=1}^{k=\infty} p_k \sin(k\omega t - \varepsilon_k). \tag{63}$$

---

[1]) Vgl. Hort: Technische Schwingungslehre. 2. Aufl., S. 55 bis 58. Berlin 1922.

Der Wert von p_k und ε_k ergibt sich durch Einsetzen der Lösung in die Gl. 62:

$$\left.\begin{aligned} \varepsilon_k &= \operatorname{arctg} \frac{2\varrho\lambda k}{1-\lambda^2 k^2} \\ p_k &= \frac{a_k}{\sqrt{(1-\lambda^2 k^2)^2 + 4\varrho^2\lambda^2 k^2}} \end{aligned}\right\} \tag{64}$$

Hierin ist

$$\varrho = \frac{C}{2\sqrt{D\Theta_S}} \quad \text{und} \quad \lambda = \frac{\omega_S}{\sqrt{\dfrac{D}{\Theta_S}}};$$

der Faktor ϱ bestimmt die Art der Dämpfung; die Dämpfung ist

für $\varrho > 1$ aperiodisch,
für $\varrho < 1$ periodisch,
für $\varrho = 1$ im aperiodischen Grenzzustand.

Soll das bewegliche System dem Impuls der wirksamen Kraft möglichst genau folgen, so muß die Dämpfung so eingestellt sein, daß sie sich im aperiodischen Grenzzustand befindet; dann wird

$$\left.\begin{aligned} \varepsilon_k &= \operatorname{arctg} \frac{2\lambda k}{1-\lambda^2 k^2} \\ p_k &= \frac{a_k}{1+\lambda^2 k^2} \end{aligned}\right\} \tag{65}$$

Der Faktor λ ist das Verhältnis der Frequenz der Grundwelle der Drehzahlkurve zu der Frequenz der Eigenschwingung des ungedämpften Schwingungssystems. Man erkennt, daß die Amplituden der Einzelwellen eine Verkleinerung erfahren, die durch den Faktor $\frac{1}{1+\lambda^2 k^2}$ gegeben ist, und eine Phasenverschiebung um den Winkel ε_k.

Um den Einfluß der Massenträgheit an einem Beispiel zu zeigen, legen wir die Drehzahlkurve der Abb. 71 zugrunde. Ihre Zerlegung in eine Fouriersche Reihe ergibt unter Berücksichtigung der 1. bis 35. Welle (Teilung der Abszisse der Viertelwelle in 18 Teile), wenn wir der Einfachheit halber die Ordinaten mit y, die Abszissen mit x bezeichnen:

$$\begin{aligned} y = {} & 8{,}99496 \sin x + 1{,}98346 \sin 3x + 0{,}67301 \sin 5x \\ & + 0{,}20533 \sin 7x + 0{,}15708 \sin 9x + 0{,}03119 \sin 11x \\ & + 0{,}03647 \sin 13x + 0{,}01932 \sin 15x - 0{,}00694 \sin 17x \\ & + 0{,}02288 \sin 19x - 0{,}01452 \sin 21x + 0{,}01525 \sin 23x \\ & - 0{,}00826 \sin 25x + 0{,}00479 \sin 27x - 0{,}00004 \sin 29x \\ & - 0{,}00383 \sin 31x + 0{,}00588 \sin 33x - 0{,}00703 \sin 35x. \end{aligned}$$

Zahlentafel 15.

Ordinaten der Einzelwellen und Gesamtordinaten der wahren Drehmomentkurve.

Teilpunkt	0	1	2	3	4	5	6	7	8	9
1. Welle	+8,99496	+8,96069	+8,85833	+8,68850	+8,45247	+8,15222	+7,78991	+7,36822	+6,89050	+6,36043
3. „	−5,95098	−5,74765	−5,15321	−4,20757	−2,97519	−1,54008	—	+1,54008	+2,97519	+4,20757
5. „	+3,36505	+3,04978	+2,16302	+0,87094	−0,58434	−1,93013	−2,91423	−3,35223	−3,16210	−2,37946
7. „	−1,43731	−1,17737	−0,49159	+0,37200	+1,10104	+1,43183	+1,24475	+0,60744	−0,24959	−1,01631
9. „	+1,41372	+0,99968	—	−0,99968	−1,41372	−0,99968	—	+0,99968	+1,41372	+0,99968
11. „	−0,34309	−0,19679	+0,11734	+0,33140	+0,26282	−0,02990	−0,29713	−0,31095	−0,05958	+0,24260
13. „	+0,47411	+0,20037	−0,30475	−0,45596	−0,08233	+0,38837	+0,41059	−0,04132	−0,44552	−0,33525
15. „	−0,28980	−0,07501	+0,25098	+0,20492	−0,14490	−0,27993	—	+0,27993	+0,14490	−0,20492
17. „	−0,11798	−0,01028	+0,11619	+0,03054	−0,11086	−0,04986	+0,10217	+0,06767	−0,09038	−0,08342
19. „	−0,43472	+0,03789	+0,42812	−0,11251	−0,40850	+0,18372	+0,37648	−0,24935	−0,33301	+0,30739
21. „	−0,30492	+0,07892	+0,26407	−0,21561	−0,15492	+0,29453	—	−0,29453	+0,15492	+0,21561
23. „	−0,35075	+0,14823	+0,22546	−0,33880	+0,06091	+0,28732	−0,30376	−0,03057	+0,32960	−0,24802
25. „	−0,20650	+0,11844	+0,07063	−0,19946	+0,15819	+0,01800	−0,17884	+0,18715	−0,03586	−0,14602
27. „	−0,12933	+0,09145	—	−0,09145	+0,12933	−0,09145	—	+0,09145	−0,12933	+0,09145
29. „	−0,00116	+0,00095	−0,00040	−0,00030	+0,00089	−0,00116	+0,00100	−0,00049	−0,00020	+0,00082
31. „	+0,11873	−0,10761	+0,07632	−0,03073	−0,02062	+0,06810	−1,10282	+0,11828	−0,11157	+0,08396
33. „	+0,12404	−0,18743	+0,16804	−0,13721	+0,09702	−0,05022	—	+0,05022	−0,09702	+0,13721
35. „	+0,24605	−0,24511	+0,24231	−0,23767	+0,23121	−0,22300	+0,21309	−0,20155	+0,18848	−0,17398
Gesamtordinate	5,24002	5,93915	7,03086	8,46935	4,59850	5,62868	6,34121	6,82913	7,38315	8,05931

Teilpunkt	10	11	12	13	14	15	16	17	18
1. Welle	+5,78187	+5,15933	+4,49748	+3,80145	+3,07646	+2,32803	+1,56197	+0,78400	0
3. „	+5,15321	+5,74765	+5,95038	+5,74765	+5,15321	+4,20757	+2,97519	+1,54008	0
5. „	−1,15091	+0,29330	+1,68253	+2,75648	+3,31393	+3,25040	+2,57776	+1,42214	0
7. „	−1,41548	−1,30265	−0,71866	+0,12528	+0,92389	+1,38834	+1,35063	+0,82441	0
9. „	—	−0,99968	−1,41372	−0,99968	—	+0,99968	+1,41372	+0,99968	0
11. „	+0,33788	+0,14500	−0,17155	−0,34178	−0,22053	+0,08880	+0,32240	+0,28104	0
13. „	+0,16216	+0,47230	+0,23706	−0,27194	−0,46691	−0,12271	+0,36319	+0,42969	0
15. „	−0,25098	+0,07501	+0,28980	+0,07501	−0,25098	−0,20492	+0,14490	+0,27993	0
17. „	+0,07584	+0,09664	−0,05899	−0,10693	+0,04035	+0,11396	−0,02049	−0,11753	0
19. „	+0,27943	−0,35610	−0,21736	+0,39399	+0,14868	−0,41991	−0,07549	+0,43306	0
21. „	−0,26407	−0,07892	+0,30492	−0,07892	−0,26407	+0,21561	+0,15492	−0,29453	0
23. „	−0,11996	+0,34941	−0,17538	−0,20118	+0,34542	−0,09078	−0,26869	+0,31789	0
25. „	+0,20336	−0,08727	−0,10325	+0,20571	−0,13274	−0,05345	+0,19405	−0,16915	0
27. „	—	−0,09145	+0,12933	−0,09145	—	+0,09145	−0,12933	+0,09145	0
29. „	−0,00114	+0,00105	−0,00058	−0,00010	+0,00075	−0,00112	+0,00109	−0,00067	0
31. „	−0,04061	−0,01035	+0,05937	−0,09726	+0,11693	+0,11468	+0,09095	−0,05018	0
33. „	−0,16804	+0,18743	−0,19404	+0,18743	−0,16804	+0,13721	−0,09702	+0,05022	0
35. „	+0,15816	−0,14113	+0,12303	−0,10899	+0,08415	−0,06868	+0,04273	−0,02145	0
Gesamtordinate	8,74072	9,45957	10,21937	10,99977	11,70050	11,74985	10,60238	6,80008	0

Die wahre Drehmomentkurve (unter Fortlassung eines konstanten Faktors) ergibt sich durch Differentiation dieser Gleichung; es ist:

$$\begin{aligned}\frac{dy}{dx} = {} & 8{,}99496 \cos x - 5{,}95038 \cos 3x + 3{,}36505 \cos 5x \\ & - 1{,}43731 \cos 7x + 1{,}41372 \cos 9x - 0{,}34309 \cos 11x \\ & + 0{,}47411 \cos 13x - 0{,}28980 \cos 15x - 0{,}11798 \cos 17x \\ & - 0{,}43472 \cos 19x - 0{,}30492 \cos 21x - 0{,}35075 \cos 23x \\ & - 0{,}20650 \cos 25x - 0{,}12933 \cos 27x - 0{,}00116 \cos 29x \\ & + 0{,}11873 \cos 31x + 0{,}19404 \cos 33x + 0{,}24605 \cos 35x.\end{aligned}$$

Die Ermittelung der Teilordinaten der Einzelwellen sowie der Ordinaten der Kurve für die 19 Teilpunkte ergibt dann die in der Zahlentafel 15 enthaltenen Werte. Nach ihnen ist die Drehmomentkurve in Abb. 72 gezeichnet[1]).

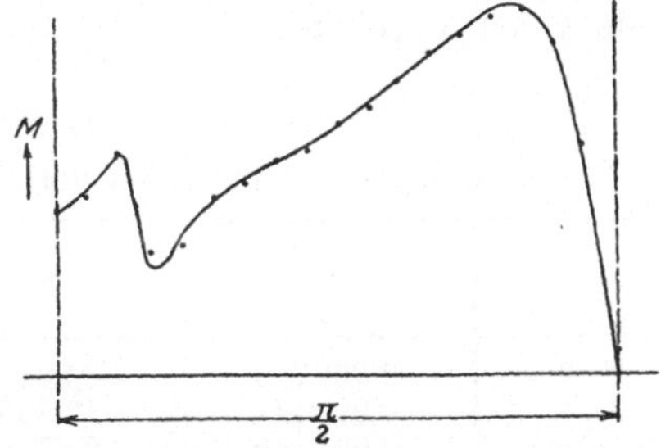

Abb. 72. Zum Nachweis der großen Genauigkeit der experimentell aufgenommenen Drehmomentkurven.

Um nun die Verzerrung der Kurve durch die Massenträgheit des beweglichen Systems zu ermitteln, sei zunächst dessen Eigenfrequenz festgestellt. Um dabei eine Dämpfung nach Möglichkeit auszuhalten, wurde das Spulensystem aus dem Elektromagneten herausgenommen und in dem schwachen remanenten Felde der Eisenkerne schwingen gelassen. Die dabei in der Generatorspule

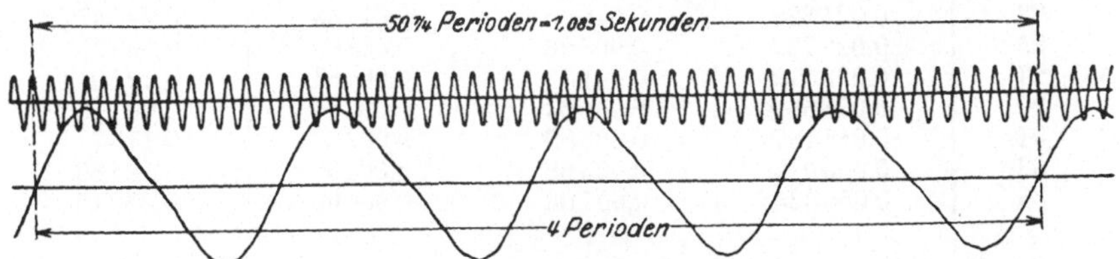

Abb. 73. Zur Bestimmung der Eigenfrequenz des Spulensystems.

induzierte EMK wurde oszillographisch aufgenommen und gleichzeitig die Spannung eines Netzes von 50 Perioden als Zeitmaßstab

[1]) In Wirklichkeit wurde von der Drehmomentkurve ausgegangen, um der Untersuchung eine möglichst ungünstige Kurve (mit tiefem Sattel) zugrunde zu legen. Die Kurve ist aus Arnold, Wechselstromtechnik, Bd. 5, 1 (Abb. 103) entnommen und aus ihr zunächst durch Integration die Drehzahlkurve der Abb. 71 ermittelt, die dann den Ausgangspunkt der weiteren Rechnungen bildete.

(Abb. 73). Die Eigenfrequenz des Spulensystems wurde festgestellt zu 3,6866 Perioden in der Sekunde. Bei einer Anlaufzeit von 10 Sekunden, die wir annehmen wollen, beträgt die Frequenz der Grundwelle der Drehzahlkurve 0,025 Perioden in der Sekunde. Es ist dann

$$\lambda = \frac{0{,}025}{3{,}6866} = 0{,}00678, \qquad \lambda^2 = 0{,}00004598.$$

Für die verkleinerten Amplituden der Einzelwellen ergeben sich dann die in der Zahlentafel 16 in der vorletzten Spalte $\left(\frac{y_k}{1 + \lambda^2 k^2}\right)$ genannten Werte. In der letzten Spalte stehen sodann die Amplituden der Einzelwellen der Drehmomentkurve, die aus jenen durch Multiplikation mit k hervorgehen.

Zahlentafel 16.

Verkleinerung der Amplituden der Einzelwellen durch die Massenträgheit.

k	$\lambda^2 k^2$	y_k	$\frac{y_k}{1+\lambda^2 k^2}$	$k\frac{y_k}{1+\lambda^2 k^2}$
1	0,000046	8,99496	8,99455	8,99455
3	0,000414	1,98346	1,98264	5,94792
5	0,001149	0,67301	0,67224	3,36120
7	0,002253	0,20533	0,20487	1,43409
9	0,003724	0,15708	0,15650	1,40850
11	0,005564	0,03119	0,03102	0,34122
13	0,007771	0,03647	0,03619	0,47047
15	0,010345	0,01932	0,01912	0,28680
17	0,013288	0,00694	0,00685	0,11645
19	0,016599	0,02288	0,02251	0,42769
21	0,020277	0,01452	0,01423	0,29883
23	0,024323	0,01525	0,01489	0,34247
25	0,028737	0,00826	0,00803	0,20075
27	0,033519	0,00479	0,00463	0,12501
29	0,038669	0,00004	0,00004	0,00116
31	0,044187	0,00383	0,00367	0,11377
33	0,050072	0,00588	0,00560	0,18480
35	0,056325	0,00703	0,00666	0,23310

Die Berechnung des durch die Massenträgheit verursachten Phasenverschiebungswinkels der Einzelwellen ist nach Gl. 65 in der Zahlentafel 17 durchgeführt. Die Verschiebung der Phase der Grundwelle ist natürlich gleichgültig, und es kommt nur auf den Verschiebungswinkel der Oberwellen gegenüber der Grundwelle $\gamma_k - \gamma_1$ an (letzte Spalte der Zahlentafel). Diese Winkel gelten sowohl für die Wellen der Drehzahlkurve (Sinuslinien) als auch für die der Drehmomentkurve (Cosinuslinien).

Nach Kenntnis der Amplituden und der Phasenwinkel lassen sich jetzt die Einzelordinaten und die Gesamtordinaten für die Dreh-

Zahlentafel 17.

Phasenverschiebung der Einzelwellen durch die Massenträgheit.

k	$2\lambda k$	$1-\lambda^2 k^2$	$\operatorname{tg}\gamma_k$	γ_k	$\gamma_k-\gamma_1$
1	0,013562	0,999954	0,01356	0° 46′ 37″	0°
3	0,040686	0,999586	0,04070	2° 19′ 50″	1° 33′ 13″
5	0,067810	0,998850	0,06789	3° 53′ 2″	3° 6′ 25″
7	0,094934	0,997747	0,09515	5° 26′ 7″	4° 39′ 30″
9	0,122058	0,996276	0,12251	6° 59′ 5″	6° 12′ 28″
11	0,149182	0,994436	0,15002	8° 31′ 55″	7° 45′ 18″
13	0,176306	0,992229	0,17769	10° 4′ 33″	9° 17′ 56″
15	0,203430	0,989654	0,20556	11° 36′ 57″	10° 50′ 20″
17	0,230554	0,986712	0,23366	13° 9′ 6″	12° 22′ 29″
19	0,257678	0,983401	0,26203	14° 40′ 59″	13° 54′ 22″
21	0,284802	0,979723	0,29070	16° 12′ 33″	15° 25′ 56″
23	0,311926	0,975677	0,31970	17° 43′ 45″	16° 57′ 8″
25	0,339050	0,971262	0,34908	19° 14′ 36″	18° 27′ 59″
27	0,366174	0,966481	0,37887	20° 45′ 0″	19° 58′ 23″
29	0,393298	0,961331	0,40912	22° 15′ 2″	21° 28′ 25″
31	0,420422	0,955813	0,43986	23° 44′ 34″	22° 57′ 57″
33	0,447546	0,949928	0,47114	25° 13′ 37″	24° 27′ 0″
35	0,474670	0,943674	0,50300	26° 42′ 9″	25° 55′ 32″

momentkurve, wie sie der Apparat liefert, ermitteln. Sie sind in der Zahlentafel 18 enthalten. Die Endpunkte der Gesamtordinaten sind in Abb. 72 als Punkte eingetragen. Diese lassen sich nicht durch einen glatten Linienzug nach Art der ausgezogenen Kurve verbinden, was nur darin seinen Grund haben kann, daß die Wellen von höherer Ordnung als 35 vernachlässigt sind und die Reihe für die Drehmomentkurve schlecht konvergiert. Die Lage der Punkte läßt jedoch erkennen, daß bei einer Anlaufzeit von 10 Sekunden die Verzerrung der Kurve nicht erheblich sein kann. Bei den späteren Kurvenaufnahmen war zwar die Anlaufzeit z. T. geringer als 10 Sekunden (4 bis 10 Sekunden), aber dafür haben die Kurven auch eine weniger komplizierte Gestalt.

Allgemein sei noch gesagt, daß sich das Spulensystem noch für viel höhere Eigenfrequenz (mit geringerer Massenträgheit) bauen läßt. Die Genauigkeit der aufgenommenen Kurven wird dann wesentlich größer. Das in dieser Arbeit beschriebene Spulensystem wurde in der angegebenen Größe gebaut, weil zu dem Elektromagneten (Abb. 63) passende Polschuhe vorhanden waren, in die es ohne weiteres eingesetzt werden konnte und weil aus begreiflichen Gründen die Apparatur mit möglichst geringem Kostenaufwand herzustellen war.

γ) **Die Induktivität des Stromkreises der Generatorspule und die Massenträgheit der Oszillographenschleife.** Im Stromkreis der Generatorspule sind vorhanden

Zahlentafel 18.

Ordinaten der Einzelwellen und Gesamtordinaten der aufgezeichneten Drehmomentkurve.

Teilpunkt	0	1	2	3	4	5	6	7	8	9
1. Welle	+8,994 55	+8,960 28	+8,857 92	+8,688 11	+8,452 09	+8,151 85	+7,789 55	+7,367 89	+6,890 19	+6,360 14
3. „	−5,945 72	−5,784 89	−5,229 77	−4,318 25	−3,112 49	−1,694 62	−0,161 25	+1,383 13	+2,833 23	+4,090 21
5. „	+3,356 26	+3,118 79	+2,296 91	+1,044 63	−0,403 41	−1,775 86	−2,815 51	−3,327 59	−3,216 16	−2,502 04
7. „	−1,429 36	−1,237 66	−0,598 32	+0,257 45	+1 020 08	+1,413 77	+1,296 09	+0,709 63	−0,133 51	−0,928 36
9. „	+1,400 26	+1,097 83	+0,152 32	−0,882 41	−1,400 26	−1,097 83	−0,152 32	+0,882 41	+1,400 26	+1,097 83
11. „	−0,338 10	−0,231 64	+0,072 37	+0,314 66	+0,288 60	+0,016 40	−0,286 96	−0,325 88	−0,104 05	+0,206 51
13. „	+0,464 29	+0,265 11	−0,240 20	−0,468 15	−0,155 49	+0,336 72	+0,440 09	+0,035 27	−0,410 29	−0,382 05
15. „	−0,281 68	−0,125 00	+0,216 98	+0,237 32	−0,094 14	−0,286 05	−0,053 93	+0,258 13	+0,187 55	−0,161 04
17. „	−0,113 74	−0,034 77	+0,107 68	+0,053 54	−0,098 35	−0,070 69	+0,086 03	+0,085 68	−0,071 09	−0,098 08
19. „	−0,415 15	−0,066 21	+0,426 69	−0,008 16	−0,425 27	+0,082 30	+0,410 93	−0,153 93	−0,384 10	+0,220 88
21. „	−0,288 06	−0,002 25	+0,289 22	−0,147 46	−0,212 89	+0,257 66	+0,079 52	−0,298 82	+0,075 16	+0,259 91
23. „	−0,327 59	+0,047 95	+0,287 06	−0,290 58	−0,041 45	+0,325 62	−0,233 77	−0,128 03	+0,341 98	−0,161 03
25. „	−0,190 41	+0,057 13	+0,124 88	−0,200 38	+0,104 99	+0,079 94	−0,196 70	+0,145 70	+0,029 56	−0,179 60
27. „	−0,117 49	+0,052 89	+0,042 70	−0,113 27	+0,117 49	−0,052 89	−0,042 70	+0,113 27	−0,117 49	+0,052 89
29. „	−0,001 08	+0,000 64	+0,000 03	−0,000 69	+0.001 10	−0,001 11	+0,000 72	−0,000 07	−0,000 61	+0,001 06
31. „	+0,104 75	−0,076 18	+0.033 33	+0,015 77	−0,061 91	+0,096 45	−0,112 91	+0,108 22	−0,083 25	+0,042 68
33. „	+0,168 23	−0,142 70	+0,107 44	−0,064 87	+0,017 87	+0,030 34	−0,076 49	+0,117 42	−0,150 36	+0,173 04
35. „	+0,209 64	−0,199 96	+0,188 76	−0,176 12	+0,162 14	−0,146 93	+0,130 60	−0,113 27	+0,095 09	−0,076 18
Gesamtordinate	5,259 60	5,699 36	7,136 00	3,941 14	4,158 70	5,665 07	6,100 99	6,859 16	7,182 11	8,016 77

Teilpunkt	10	11	12	13	14	15	16	17	18
1. Welle	+5,781 61	+5,159 09	+4,497 28	+3.801 28	+3,076 32	+2,327 97	+1,561 90	+0,788 96	0,000 00
3. „	+5,068 52	+5,701 38	+5.945 72	+5,784 89	+5,229 77	+4,318 25	+3,112 49	+1,694 62	+0,161 25
5. „	−1,311 91	+0,111 05	+1,520 37	+2,644 79	+3,273 64	+3,289 07	+2,688 15	+1,583 53	+0,182 18
7. „	−1,387 42	−1,344 66	−0,815 54	+0,008 56	+0,829 55	+1,350 51	+1,382 99	+0,915 25	+0,116 48
9. „	+0,152 32	−0,882 41	−1,400 26	−1 097 83	−0,152 32	+0,882 41	+1,400 26	+1,097 83	+0,152 32
11. „	+0,340 96	+0,184 62	−0,129 18	−0,332 80	−0,252 60	+0,043 03	+0,301 96	+0,303 37	+0,046 04
13. „	+0,087 36	+0,455 89	+0,297 98	−0,204 03	−0,470 44	−0,193 59	+0,306 80	+0,452 91	+0,076 02
15. „	−0,270 91	+0,020 81	+0,281 68	+0,125 00	−0,216 98	−0,237 32	+0,094 14	+0,286 05	+0,053 93
17. „	+0,054 00	+0,107 49	−0,035 26	−0,113 63	+0,015 45	+0,116 33	+0,004 83	−0,115 49	−0,024 96
19. „	+0,345 59	−0,281 12	−0,296 59	+0,332 82	+0,238 58	−0,374 40	−0,173 32	+0,404 62	+0,102 79
21. „	−0,209 70	−0,151 36	+0,288 06	+0,002 25	−0,289 22	+0.147 46	+0,212 89	−0,257 66	−0,079 52
23. „	−0,205 88	+0,335 05	−0,077 32	−0,269 69	+0,305 27	+0,011 67	−0,315 13	+0,254 69	+0,099 86
25. „	+0,176 48	+0,022 84	−0,150 28	+0,195 23	−0,073 68	−0,110 70	+0,200 68	−0,119 50	−0,063 59
27. „	+0,042 70	−0,113 27	+0,117 49	−0,052 89	−0,042 70	+0,113 27	−0,117 49	+0,052 89	+0,042 70
29. „	−0,001 14	+0,000 80	−0,000 17	−0,000 52	+0,001 02	−0,001 15	+0,000 87	−0,000 27	−0,000 42
31. „	+0,005 89	−0,053 35	+0,090 82	−0,111 27	+0,110 87	−0,089 69	+0,051 71	−0,004 04	−0,044 39
33. „	−0,183 93	+0,182 29	−0,168 23	+0,142 70	−0,107 44	+0,064 87	−0,017 87	−0,030 34	+0,076 49
35. „	+0,056 69	−0.036 76	+0,016 56	+0.003 76	−0,024 06	+0,044 18	−0,063 96	+0,083 25	−0,101 91
Gesamtordinate	8,541 23	9,418 38	9,983 13	10,858 62	11,451 03	11,702 17	10,631 90	7,385 77	0,795 27

a) Wirkwiderstände

Widerstand der Generatorspule	3,42 Ohm
Widerstand der Oszillographenschleife	11,70 „
Widerstand R_2 (vgl. Abb. 61) bei Aufnahme der Kurven	200 bzw. 307.5 „
Summe der Wirkwiderstände	ca. 215 bzw. 322,5 Ohm

b) Induktivitäten

Induktivität der Generatorspule	0,00127 Henry
Induktivität der Oszillographenschleife	0,00050 „
Summe der Induktivitäten	0,00177 Henry

Ein Vergleich dieser Zahlen mit den entsprechenden des Stromkreises der Motorspule (Seite 341) zeigt ohne jede Rechnung, daß die Verzerrung der Kurve durch die Induktivitäten des Stromkreises der Generatorspule vernachlässigbar klein ist, auch dann, wenn man wie früher beim Stromkreis der Motorspule für die Induktivitäten das Fünffache der gemessenen Werte einsetzt.

Ebenso zu vernachlässigen ist der Einfluß der Massenträgheit der Oszillographenschleife, deren Eigenfrequenz 50 Perioden in der Sekunde beträgt. Der Faktor λ (vgl. S. 343) beträgt also hier bei einer Anlaufzeit von 10 Sekunden

$$\lambda = 0{,}0005\,,$$

also weniger als $^1/_{10}$ des für die Trägheit des Spulensystems gültigen Wertes.

d) Die Bestimmung des Maßstabes für das Drehmoment.

Der Maßstab des Drehmoments in den aufgenommenen Kurven kann auf zweifache Weise bestimmt werden.

1. Methode: Die dem Motor während des Anlaufs zur Massenbeschleunigung zugeführte Arbeit ist

$$A = \int M d\alpha\,, \tag{66}$$

oder wenn wir statt des Winkelwegs α die von der Maschine vom Beginn des Anlaufs bis zum betrachteten Zeitpunkt gemachte Zahl der Umläufe u einführen,

$$A = 2\pi \int M du\,, \tag{67}$$

weil

$$\alpha = 2\pi u$$

ist.

Läßt man nun während des Anlaufs durch einen Kontaktapparat und den Oszillographen die Zahl der Umläufe aufzeichnen, so kann man aus den aufgenommenen Kurven $M = f(t)$ und $u = \psi(t)$ die Kurve $M = \varphi(u)$ ermitteln.

Die Maßstäbe für Drehmoment und Umläufe seien definiert durch die Beziehungen

$$\left.\begin{aligned} y &= \mu_M M \\ x &= \mu_u u . \end{aligned}\right\} \tag{68}$$

Die Gl. 67 läßt sich dann schreiben

$$A = \frac{2\pi}{\mu_M \mu_u} F, \tag{69}$$

wobei F die von der Kurve $M = \varphi(u)$ und der Abszissenachse eingeschlossene Fläche bedeutet.

Die Arbeit A ist andererseits gleich der bei Beendigung des Anlaufs in den rotierenden Massen der Maschine aufgespeicherten Energie

$$A = \tfrac{1}{2} \Theta \omega^2, \tag{70}$$

wobei Θ das Trägheitsmoment der rotierenden Massen und ω die mechanische Winkelgeschwindigkeit bedeutet.

Aus den Gl. 69 und 70 ergibt sich der Maßstab der Drehmomentkurve

$$\mu_M = \frac{4\pi F}{\mu_u \Theta \omega^2}. \tag{71}$$

Die Bestimmung des Maßstabes nach dieser Methode ist bei der Aufnahme der Kurve Abb. 53 erfolgt, indem gleichzeitig mit der

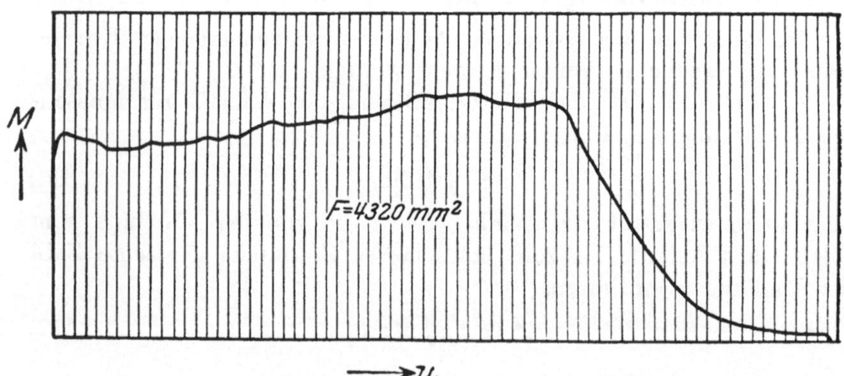

Abb. 74. Drehmomente bei Abb. 53 als Funktion der Umläufe.

Kurve die Zahl der Umläufe u aufgenommen wurde. In Abb. 74 ist M als Funktion von u aufgetragen, wobei der Maßstab $\mu_u = 2$ mm/Uml gewählt wurde. Die Fläche[1]) wurde mit dem Planimeter ausgemessen zu $F = 4320$ mm². Die Winkelgeschwindigkeit ist $\omega = 157{,}08$ sec^{-1} für $n = 1500$ Uml/min; die bei Leerlauf sehr kleine Schlüpfung ist vernachlässigt.

Das Trägheitsmoment Θ der rotierenden Massen wurde aus Schwingungen bestimmt. Der Anker wurde zunächst mit der Schwungscheibe Nr. 1[2]) an einem Stahldraht von etwa 1,75 m Länge und 2,5 mm Durchmesser mit vertikaler Welle frei aufgehängt. Er wurde dann in Torsionsschwingungen versetzt, wobei er 25 volle Schwingungen in 175,2 Sekunden ausführte. Alsdann wurde die Scheibe Nr. 2 hinzugefügt und dann 25 volle Schwingungen in 237,6 Sekunden gemessen.

Die Schwingungsdauer ist demnach

1. Anker mit Scheibe Nr. 1 $\tau_1 = 7{,}01$ sec
2. Anker mit Scheibe Nr. 1 u. 2 $\tau_2 = 9{,}50$ „

Nach den in der Abb. 75 enthaltenen Angaben ist das Trägheitsmoment der Scheibe Nr. 2

$$\Theta_2 = 0{,}21025 \text{ m}^2\text{kg}^+.$$

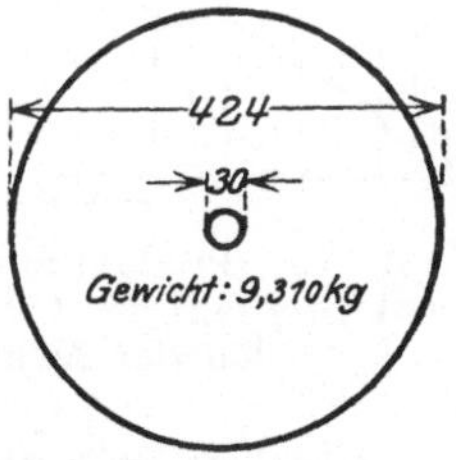

Das Trägheitsmoment Θ_{A+1} des Ankers und der Scheibe Nr. 1 ergibt sich dann zu

$$\Theta_{A+1} = \Theta_2 \frac{\tau_1^2}{\tau_2^2 - \tau_1^2} = 0{,}25142 \text{ m}^2\text{kg}^+.$$

Abb. 75. Scheibe Nr. 2 (Maße in mm).

Das Trägheitsmoment der Hilfsmaschine ist in gleicher Weise bestimmt, es beträgt

$$\Theta_H = 0{,}00021 \text{ m}^2\text{kg}^+.$$

Das Trägheitsmoment aller rotierenden Massen ist demnach

$$\Theta = 0{,}46183 \text{ m}^2\text{kg}^+.$$

Unter Beachtung daß

$$1 \text{ mkg}^*\text{sec}^2 = 9{,}80 \text{ m}^2\text{kg}^+$$

ist, wird nach Gl. 71

$$\mu_M = \frac{4\pi \cdot 4320 \cdot 9{,}80}{2 \cdot 0{,}46183 \cdot 24674} = 23{,}3 \frac{\text{mm}}{\text{m kg}^*}.$$

2. Methode: Wir gehen aus von der Gl. 66. Sie geht durch Einführung der Drehzahl n über in

$$A = 2\pi \int M n \, dt. \tag{72}$$

[1]) Alle die Maßstabsbestimmung betreffenden Flächen- und Maßstabsangaben beziehen sich auf Originalabbildungen. An dieser Stelle sind die Abbildungen etwa im Verhältnis 3 : 4 verkleinert.

[2]) Vgl. S. 323.

Trägt man das Produkt Mn über t als Kurve auf, wobei die Maßstäbe definiert sind durch die Beziehungen

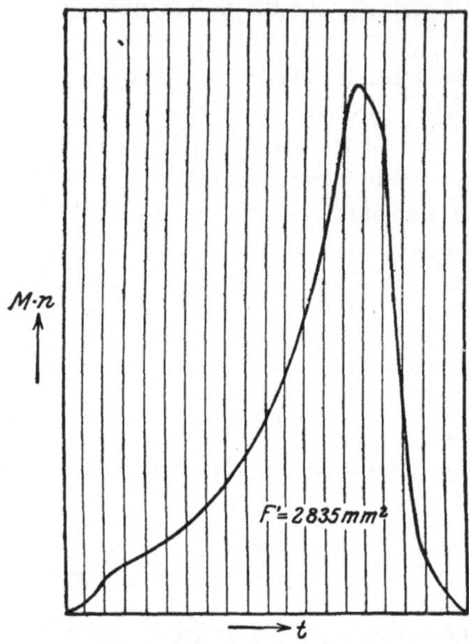

Abb. 76. Produkt aus Drehmoment und Drehzahl der Abb. 58 als Funktion der Anlaufzeit.

$$\left.\begin{array}{l} y = \mu_M \, M n \\ x = \mu_t \, t, \end{array}\right\} \tag{73}$$

so wird

$$A = \frac{2\pi}{\mu'_M \, \mu_t} \cdot F', \tag{74}$$

wenn F' die Fläche bedeutet, die die Kurve $Mn = \psi(t)$ mit der Abszissenachse einschließt.

Aus den Gl. 70 und 74 folgt

$$\mu'_M = \frac{4\pi F'}{\mu_t \, \Theta \, \omega^2}. \tag{75}$$

Diese Methode ist angewandt bei der Kurve der Abb. 58. Das Produkt Mn ist in Abb. 76 als Funktion der Zeit aufgetragen; dabei ist, um die Ordinaten in bequemer Größe zu erhalten, die Drehzahl n in Uml/0,1 sec eingesetzt; für t ist der Maßstab gewählt $\mu_t = 20 \frac{\text{mm}}{\text{sec}}$.

Die Fläche[1]) ist $F' = 2835 \text{ mm}^2$. Es ergibt sich dann nach Gl. 75

$$\mu'_M = \frac{4\pi \cdot 2835 \cdot 9{,}80}{0{,}1 \cdot 20 \cdot 0{,}46183 \cdot 24674} = 15{,}3 \; \frac{\text{mm}}{\text{mkg*}}.$$

Wie schon gesagt, war bei dieser Aufnahme der Widerstand R_2 vor der Oszillographenschleife so gewählt, daß $\mu'_M = \frac{2}{3}\mu_M$ war. Aus den gefundenen Werten ist $\frac{\mu'_M}{\mu_M} = \frac{15{,}3}{23{,}3} = 0{,}658$. Die Übereinstimmung ist gut; die Abweichung der Ergebnisse beträgt etwa $1{,}5\,^0/_0$.

e) Vergleich des beschriebenen Verfahrens mit dem Verfahren von Ytterberg.

Ytterberg hat eine Methode zur Bestimmung der Leerlaufsverluste einer Maschine angegeben[2]), die sich auch zur Bestimmung des Drehmoments eignet und im Prinzip mit dem hier behandelten Verfahren große Ähnlichkeit hat.

---

[1]) Siehe Fußnote [1]) auf S. 351.

[2]) Ytterberg: Eine neue Methode zur Bestimmung der Leerlaufsverluste einer Maschine. ETZ 1912, S. 1158.

Die Versuchsanordnung ist in Abb. 77 schematisch dargestellt. Es ist M die zu untersuchende Maschine, G die Tachometermaschine und C ein Kondensator. Man sieht leicht ein, daß auch hier die Drehung des Oszillographenspiegels dem Drehmoment proportional ist. Das Ytterbergsche Verfahren scheint zunächst dem hier beschriebenen überlegen zu sein, weil bei ihm jeglicher Einfluß von Massenträgheit fortfällt.

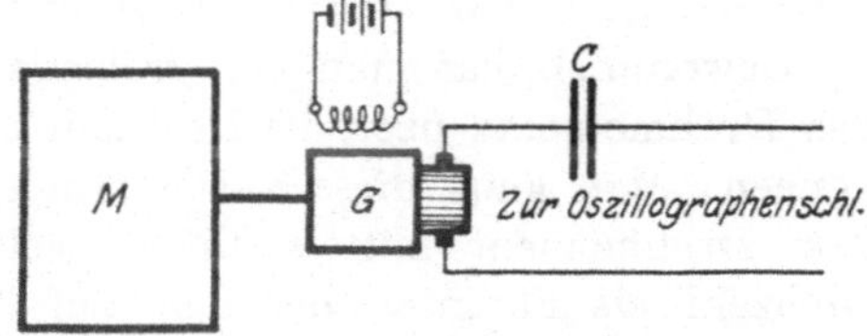

Abb. 77. Schaltung von Ytterberg.

Jedoch ist bei ihm in weit höherem Maße mit den Schwierigkeiten zu rechnen, die die kleinen Spannungsschwankungen der Hilfsmaschine verursachen. So waren denn auch die Schwankungen in der Momentkurve bei Verwendung von Maschinen mit rotierendem Eisen sehr viel stärker. Nun sind die hochfrequenten Schwankungen der Gleichstromspannung, die durch die Lamellenteilung eines fein unterteilten Kollektors verursacht werden, überhaupt nicht ganz zu unterdrücken. Sie müssen sich in der Kurve des Drehmoments bei dem Verfahren von Ytterberg wegen ihrer hohen Frequenz besonders bemerkbar machen. Bei dem beschriebenen Verfahren dagegen haben sie gerade wegen ihrer hohen Frequenz keinen merkbaren Einfluß, weil auf sie das Spulensystem wegen seiner Trägheit nicht reagieren kann.

Es wäre erwünscht gewesen, mit der gebauten Hilfsmaschine auch Kurven nach dem Verfahren von Ytterberg aufzunehmen. Dies erwies sich jedoch als unmöglich, weil Kondensatoren von so großer Kapazität dafür benötigt worden wären, wie sie nicht zur Verfügung standen. Die verwendete Oszillographenschleife benötigt für 1 mm Ausschlag eine Stromstärke von $1 \cdot 10^{-4}$ Amp. Der entstehende Strom ist

$$J = C \frac{dE}{dt},$$

wobei C die Kapazität des Kondensators und E die EMK der Hilfsmaschine ist. Nehmen wir eine linear ansteigende Drehzahl und eine Anlaufzeit von 5 Sekunden an, so ergibt die Rechnung, daß eine Kapazität von 340 Mikrofarad erforderlich ist, um einen Ausschlag von nur 10 mm hervorzurufen, wenn man beachtet, daß die Spannung der Hilfsmaschine bei der Drehzahl 1500 Uml/min 1,7 Volt beträgt.

Vermutlich ist die von Ytterberg geäußerte Absicht, Versuchsergebnisse zu veröffentlichen, nicht verwirklicht worden, weil es ihm nicht gelungen ist, der angegebenen Schwierigkeiten Herr zu werden.

2. Die Aufnahme des Drehmoments als Funktion der Drehzahl.

a) Das Prinzip des Verfahrens.

Gewöhnlich hat man ein größeres Interesse daran, den Verlauf des Drehmoments über der Drehzahl als den über der Anlaufzeit zu kennen. Man kann diese Kurve erhalten, wenn man gleichzeitig mit dem Drehmoment mittels einer zweiten Oszillographenschleife die Drehzahl als Funktion der Zeit aufnimmt, was ja einfach dadurch geschehen kann, daß man die Spannung der Tachometermaschine an diese zweite Schleife legt. Man kann dann aus den beiden aufgenommenen Kurven die Kurve des Drehmoments über der Drehzahl punktweise konstruieren.

Durch eine einfache Erweiterung unserer Meßanordnung ist es aber auch möglich, das Drehmoment über der Drehzahl unmittelbar zu erhalten. Es ist dazu notwendig, den Lichtstrahl, der durch den Spiegel der Oszillographenschleife eine Ablenkung in einer bestimmten Ebene erfährt, durch einen zweiten Spiegel nochmals proportional der Drehzahl abzulenken, und zwar in einer Ebene, die auf der Ebene der ersten Ablenkung senkrecht steht. Die Kurve kann dann nicht mehr mit einem gewöhnlichen Oszillographen aufgenommen werden, sondern man benötigt dann eine Anordnung, wie sie in Abb. 78 schematisch dargestellt ist. S_1 ist der Spiegel der Oszillographenschleife, der sich um eine vertikale in der Papierebene liegende Achse dreht, S_2 ist der zweite Spiegel, der proportional der Drehzahl um eine horizontale, senkrecht zur Papierebene stehende Achse um einen kleinen Winkel gedreht wird. Die Drehung des Spiegels S_2 kann auf einfache Weise so vorgenommen werden, daß man ihn auf die Achse eines Drehspulspannungs- oder Stromzeigers aufsetzt, dessen Klemmen man über einen Vorschaltwiderstand mit den Ankerklemmen der Tachometermaschine verbindet. Läßt man von dem Spiegel S_2 aus den Lichtstrahl auf eine Mattscheibe M (Abb. 78) oder eine photographische Platte oder lichtempfindliches Papier fallen, so zeichnet auf diesen der Lichtstrahl während des Leeranlaufs der Maschine eine Kurve auf, deren Ordinaten dem Drehmoment und deren Abszissen der Drehzahl proportional sind.

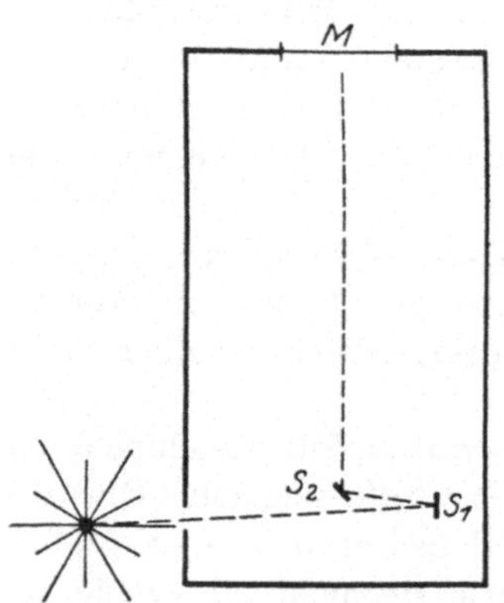

Abb. 78. Prinzipielle Anordnung zur Aufnahme des Drehmoments als Funktion der Drehzahl.

b) Beschreibung des ausgeführten Apparates.

Die wesentlichen Einzelteile des Apparates in betriebsmäßiger Anordnung zeigt Abb. 79. A ist die Oszillographenschleife, deren Spiegel S_1 bekanntlich den Lichtstrahl proportional dem Drehmoment ablenkt. Sie liegt in einem magnetischen Kreis, der durch die Erreger-

Abb. 79. Einzelteile des Apparates zur Aufnahme des Drehmoments als Funktion der Drehzahl in betriebsmäßiger Anordnung.

spule B erregt wird. Die Ablenkung der Lichtstrahlen proportional der Drehzahl besorgt der Spiegel S_2; er ist einfach auf die Achse eines Drehspulstromzeigers aufgesetzt. Da das Drehspulensystem von Haus aus nicht genügend gedämpft war, mußte die Dämpfung vergrößert werden. Dies geschah in einfacher Weise dadurch, daß man den Zeiger des Instrumentes sich in einer Flüssigkeit bewegen ließ, die das Glasgefäß C enthält.

In dem unten offenen Blechkasten D befindet sich eine Glühlampe. Das daran anschließende Rohr E enthält zwei Linsensysteme und eine Blende. Ein dünnes Lichtstrahlenbündel fällt nun durch die Linsensysteme und die Blendenöffnung, schwach konvergierend, auf den Spiegel S_1 und wird von diesem auf den Spiegel S_2 zurückgeworfen. Der Spiegel S_2 wirft dann seinerseits das Lichtbündel vertikal nach oben, wo es auf eine horizontal liegende Mattscheibe M oder eine lichtempfindliche Schicht auftrifft. Der ungefähre Verlauf des Lichtes ist gestrichelt eingezeichnet.

Um Aufnahmen auf photographische Platten oder lichtempfindliches Papier machen zu können, mußten die Spiegelsysteme in einen lichtdichten Kasten eingebaut werden. Die betriebsfertige Anordnung zeigt Abb. 80. Links sehen wir wieder die Lichtquelle mit Linsensystemen und Blende, rechts steht der Kasten, der die Spiegelsysteme enthält. Er besitzt an der Vorderwand eine verschließbare Öffnung, durch die man mit der Hand bequem die inneren Teile erreichen kann. Dies ist schon deswegen notwendig, damit man die Ruhelagen der Spiegel so einstellen kann, daß der Lichtstrahl auf die gewünschte Stelle fällt.

Oben ist der Kasten durch einen Deckel abgeschlossen, der einen rechteckigen Ausschnitt besitzt. Auf dem Deckel ist eine Einrichtung angebracht, die das Einlegen einer Kassette oder der Mattscheibe

Abb. 80. Vollständiger Apparat zur Aufnahme des Drehmoments als Funktion der Drehzahl.

eines gewöhnlichen photographischen Apparates gestattet. Der Deckel läßt sich in seiner eigenen Ebene allseitig bis zu einem gewissen Grade verschieben. Hierdurch läßt sich noch, nachdem die Ruhelagen der Spiegelsysteme schon eingestellt sind, die Nullage des Lichtpunktes auf der Mattscheibe oder der Platte ändern.

An der linken Seitenwand des Kastens befindet sich ein Rohr, an dessen Ende ein Verschluß angebracht ist, der elektromagnetisch betätigt wird. Die Anschlußklemmen für die Stromzuführungen sind auf der Rückwand des Kastens angebracht.

c) Die Aufnahme der Kurven.

Will man eine Kurve aufnehmen, so legt man zunächst die Mattscheibe ein. Nachdem man die verschiedenen magnetischen Felder erregt und die Lichtquelle eingeschaltet hat, läßt man den zu untersuchenden Motor leer anlaufen. Man kann dann auf der Mattscheibe den Verlauf der Kurve mit dem Auge verfolgen. Die richtige Lage der Kurve auf der Mattscheibe stellt man dann durch Ändern der Ruhelage der Spiegel und eventuell durch Verschieben des oberen Abschlußdeckels, die gewünschte Größe der Kurvenkoordinaten durch Ändern der Vorschaltwiderstände ein.

Nachdem man dann den Verschluß geschlossen hat, ersetzt man die Mattscheibe durch eine photographische Platte. Nun öffnet man den Verschluß, schaltet sofort den zu untersuchenden Motor ein und läßt ihn leer hochlaufen. Nachdem der Anlauf beendet ist, schließt man den Verschluß sofort wieder. Die nun auf der Platte befindliche, bei der Entwicklung sichtbar werdende Kurve stellt, wie wir früher gesehen haben, das Nutzmoment als Funktion der Drehzahl dar.

Es läßt sich nun aber auch noch das Reibungsmoment als Funktion der Drehzahl ermitteln. Hierzu öffnet man den Verschluß wieder, schaltet den Motor vom Netz ab und läßt ihn frei auslaufen. Sobald der Motor steht, schließt man den Verschluß wieder. Die Kurve des Reibungsmoments ist dann nach der negativen Ordinatenseite aufgezeichnet. Sodann ist es noch zweckmäßig, die Nullinie aufzunehmen. Man unterbricht dazu den Stromkreis der Oszillographenschleife und läßt bei geöffnetem Verschluß den Motor noch einmal hochlaufen. Aus Nutzmoment und Reibungsmoment läßt sich dann durch Summation das gesamte Drehmoment ermitteln.

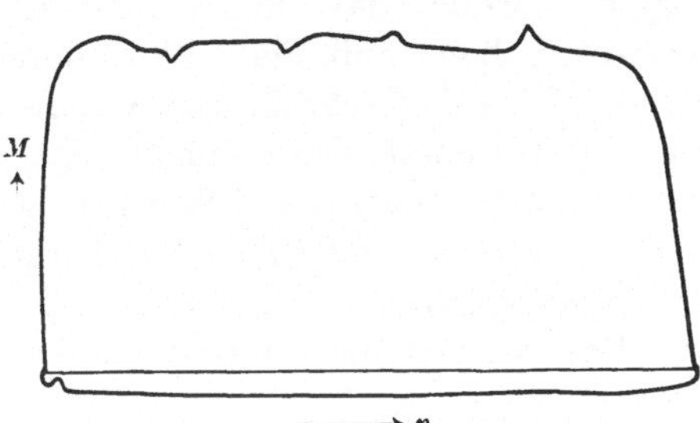

Abb. 81. Drehmoment als Funktion der Drehzahl mit dem Apparat nach Abb. 80 aufgenommen.

Die Abb. 81 zeigt als Beispiel[1]) die aufgenommenen Kurven für die Schaltung 5 (vgl. S. 290). Sie ist unter folgenden Verhältnissen aufgenommen:

Verk. Spannung am Drehstrommotor (Stadtnetz) . . .	120 Volt
Erregerstrom der Tachometermaschine	0,23 Amp.
Erregerstrom des großen Elektromagneten	7,5 Amp.
Erregerstrom für das Feld der Oszillographenschleife .	3,5 Amp.
Dämpfungswiderstand (vgl. Abb. 61)	500 Ohm
Vorschaltwiderstand R_2 vor der Oszillographenschleife	80 Ohm
Vorschaltwiderstand R_1 vor der Motorspule	20 Ohm

[1]) Da die technische Durchbildung der Hilfs-(Tachometer-)Maschine sehr viel Zeit in Anspruch nahm, mußte, um die vorliegende Arbeit rechtzeitig zum Abschluß bringen zu können, das Drehmoment für die verschiedenen Schaltungen des im ersten Teil behandelten Motors zunächst als Funktion der Anlaufzeit aufgenommen werden, bevor der im vorigen Abschnitt beschriebene Apparat fertiggestellt war. Nach inzwischen erfolgter Fertigstellung des Apparates ist die Kurve der Abb. 81 nur zu dem Zwecke aufgenommen, das befriedigende Arbeiten des teilweise mit verhältnismäßig primitiven Einrichtungen ausgestatteten Apparates zu zeigen.

Zur Vergrößerung des Trägheitsmoments saßen auf der Welle des Ankers wieder die Scheiben 1 und 2 (vgl. S. 323).

Besonderes Interesse haben die Drehmomentkurven von Motoren mit Schleichdrehzahl[1]). Wird bei solchen bei einer unterhalb des Synchronismus liegenden Drehzahl das Drehmoment negativ (bzw. kleiner als das Reibungsmoment), so ist die Aufnahme der Kurve nach obigem Verfahren nicht ohne weiteres möglich. Man muß dann den zu untersuchenden Motor mit einem andern von gleicher Polzahl kuppeln, wobei das Drehmoment des zweiten Motors einen solchen Verlauf haben muß, daß die Summe der Drehmomente beider Maschinen für jede Drehzahl positiv (bzw. größer als das Reibungsmoment) ist. Man nimmt dann einmal das Moment auf, indem man beide Maschinen gleichzeitig ans Netz legt, und dann das Moment des zweiten Motors für sich und bildet die Differenz der Ordinaten.

Es sei noch erwähnt, daß sich das Verfahren auch ganz allgemein zur Messung der Leerlaufsverluste einer Maschine eignet.

d) Die Bestimmung des Maßstabes für das Drehmoment.

Die im Abschnitt 1d angegebene zweite Methode zur Bestimmung des Maßstabes für das Drehmoment läßt sich auch hier anwenden, wenn man in die Aufnahme noch einen Zeitmaßstab hineinbringt. Alsdann läßt sich wieder das Produkt Drehmoment mal Drehzahl als Funktion der Zeit darstellen. Planimetriert man dann die Fläche dieser Kurve, so kann man den Maßstab für das Drehmoment nach Gl. 75 berechnen.

Einen Zeitmaßstab kann man in die Kurvenaufnahme hineinbringen, indem man zwischen Lichtquelle und Kasten (Abb. 80) ein Pendel von bekannter Schwingungsfrequenz schwingen läßt, das in bestimmten Zeitintervallen für kurze Zeit das Eindringen des Lichtstrahls in den Kasten verhindert. Die Kurve des Drehmoments enthält dann Unterbrechungsstellen, die einen Zeitmaßstab darstellen. Der Maßstab für die Drehzahl ist ohne weiteres bekannt.

Es ist zweckmäßig, um eine Eichung nur einmal vornehmen zu müssen, stets mit denselben Erregerströmen, demselben Dämpfungswiderstand und demselben Vorschaltwiderstand R_1 zu erarbeiten. Es ist dann der Maßstab für das Drehmoment nur noch abhängig von der Größe des Trägheitsmomentes Θ der rotierenden Massen und der Größe des Vorschaltwiderstandes R_2. Diese Abhängigkeit kann man in eine Formel kleiden und dann für beliebige Werte von Θ und R_2 den Maßstab für das Drehmoment berechnen.

[1]) Vgl. Stiehl: a. a O.

Berichtigung.

Die im Text befindlichen Seitenhinweise gelten für die Seitenbezeichnung in Band IV der „Arbeiten aus dem Elektrotechnischen Institut der Technischen Hochschule Karlsruhe“ (herausgegeben von Prof. R. Richter), in dem diese Arbeit enthalten ist.

In dem vorliegenden Abdruck der Arbeit sind diese Seitenzahlen jeweils um 272 zu verringern. Es muß also heißen:

auf Seite 26, 28. Zeile von oben: Seite 24 bis 26 (statt 296 bis 298),
„ „ 54, 2. „ „ „ „ 79 (statt 351),
„ „ 77, 12. „ „ „ „ 69 („ 341),
„ „ 77, 19. „ „ „ „ 71 („ 343),
„ „ 79, Fußnote [2]) „ 51 („ 323),
„ „ 80, „ [1]) „ 79 („ 351),
„ „ 85, 26. Zeile von oben: „ 18 („ 290),
„ „ 86, 2. „ „ „ „ 51 („ 323),

in den Beschriftungen der Abb. 21 bis 38 und 43 bis 49: Seite 18 (statt 290).

Ferner muß es in der Beschriftung der Abb. 26 heißen: 61,4 Volt (statt 41,4 Volt).